# ЗАЩИТА ОТ ВНУТРЕННИХ ОПАСНОСТЕЙ ПРИ ПРОЕКТИРОВАНИИ АТОМНЫХ ЭЛЕКТРОСТАНЦИЙ

Членами Международного агентства по атомной энергии являются следующие государства:

АВСТРАЛИЯ
АВСТРИЯ
АЗЕРБАЙДЖАН
АЛБАНИЯ
АЛЖИР
АНГОЛА
АНТИГУА И БАРБУДА
АРГЕНТИНА
АРМЕНИЯ
АФГАНИСТАН
БАГАМСКИЕ ОСТРОВА
БАНГЛАДЕШ
БАРБАДОС
БАХРЕЙН
БЕЛАРУСЬ
БЕЛИЗ
БЕЛЬГИЯ
БЕНИН
БОЛГАРИЯ
БОЛИВИЯ, МНОГОНАЦИОНАЛЬНОЕ ГОСУДАРСТВО
БОСНИЯ И ГЕРЦЕГОВИНА
БОТСВАНА
БРАЗИЛИЯ
БРУНЕЙ-ДАРУССАЛАМ
БУРКИНА-ФАСО
БУРУНДИ
ВАНУАТУ
ВЕНГРИЯ
ВЕНЕСУЭЛА, БОЛИВАРИАНСКАЯ РЕСПУБЛИКА
ВЬЕТНАМ
ГАБОН
ГАИТИ
ГАЙАНА
ГАМБИЯ
ГАНА
ГВАТЕМАЛА
ГВИНЕЯ
ГЕРМАНИЯ
ГОНДУРАС
ГРЕНАДА
ГРЕЦИЯ
ГРУЗИЯ
ДАНИЯ
ДЕМОКРАТИЧЕСКАЯ РЕСПУБЛИКА КОНГО
ДЖИБУТИ
ДОМИНИКА
ДОМИНИКАНСКАЯ РЕСПУБЛИКА
ЕГИПЕТ
ЗАМБИЯ
ЗИМБАБВЕ
ИЗРАИЛЬ
ИНДИЯ
ИНДОНЕЗИЯ
ИОРДАНИЯ
ИРАК
ИРАН, ИСЛАМСКАЯ РЕСПУБЛИКА
ИРЛАНДИЯ
ИСЛАНДИЯ
ИСПАНИЯ
ИТАЛИЯ
ЙЕМЕН
КАБО-ВЕРДЕ
КАЗАХСТАН
КАМБОДЖА
КАМЕРУН
КАНАДА
КАТАР
КЕНИЯ
КИПР
КИТАЙ
КОЛУМБИЯ
КОМОРСКИЕ ОСТРОВА
КОНГО
КОРЕЯ, РЕСПУБЛИКА
КОСТА-РИКА
КОТ-Д'ИВУАР
КУБА
КУВЕЙТ
КЫРГЫЗСТАН
ЛАОССКАЯ НАРОДНО-ДЕМОКРАТИЧЕСКАЯ РЕСПУБЛИКА
ЛАТВИЯ
ЛЕСОТО
ЛИБЕРИЯ
ЛИВАН
ЛИВИЯ
ЛИТВА
ЛИХТЕНШТЕЙН
ЛЮКСЕМБУРГ
МАВРИКИЙ
МАВРИТАНИЯ
МАДАГАСКАР
МАЛАВИ
МАЛАЙЗИЯ
МАЛИ
МАЛЬТА
МАРОККО
МАРШАЛЛОВЫ ОСТРОВА
МЕКСИКА
МОЗАМБИК
МОНАКО
МОНГОЛИЯ
МЬЯНМА
НАМИБИЯ
НЕПАЛ
НИГЕР
НИГЕРИЯ
НИДЕРЛАНДОВ, КОРОЛЕВСТВО
НИКАРАГУА
НОВАЯ ЗЕЛАНДИЯ
НОРВЕГИЯ
ОБЪЕДИНЕННАЯ РЕСПУБЛИКА ТАНЗАНИЯ
ОБЪЕДИНЕННЫЕ АРАБСКИЕ ЭМИРАТЫ
ОМАН
ОСТРОВА КУКА
ПАКИСТАН
ПАЛАУ
ПАНАМА
ПАПУА — НОВАЯ ГВИНЕЯ
ПАРАГВАЙ
ПЕРУ
ПОЛЬША
ПОРТУГАЛИЯ
РЕСПУБЛИКА МОЛДОВА
РОССИЙСКАЯ ФЕДЕРАЦИЯ
РУАНДА
РУМЫНИЯ
САЛЬВАДОР
САМОА
САН-МАРИНО
САУДОВСКАЯ АРАВИЯ
СВЯТОЙ ПРЕСТОЛ
СЕВЕРНАЯ МАКЕДОНИЯ
СЕЙШЕЛЬСКИЕ ОСТРОВА
СЕНЕГАЛ
СЕНТ-ВИНСЕНТ И ГРЕНАДИНЫ
СЕНТ-КИТС И НЕВИС
СЕНТ-ЛЮСИЯ
СЕРБИЯ
СИНГАПУР
СИРИЙСКАЯ АРАБСКАЯ РЕСПУБЛИКА
СЛОВАКИЯ
СЛОВЕНИЯ
СОЕДИНЕННОЕ КОРОЛЕВСТВО ВЕЛИКОБРИТАНИИ И СЕВЕРНОЙ ИРЛАНДИИ
СОЕДИНЕННЫЕ ШТАТЫ АМЕРИКИ
СОМАЛИ
СУДАН
СЬЕРРА-ЛЕОНЕ
ТАДЖИКИСТАН
ТАИЛАНД
ТОГО
ТОНГА
ТРИНИДАД И ТОБАГО
ТУНИС
ТУРКМЕНИСТАН
ТУРЦИЯ
УГАНДА
УЗБЕКИСТАН
УКРАИНА
УРУГВАЙ
ФИДЖИ
ФИЛИППИНЫ
ФИНЛЯНДИЯ
ФРАНЦИЯ
ХОРВАТИЯ
ЦЕНТРАЛЬНОАФРИКАНСКАЯ РЕСПУБЛИКА
ЧАД
ЧЕРНОГОРИЯ
ЧЕШСКАЯ РЕСПУБЛИКА
ЧИЛИ
ШВЕЙЦАРИЯ
ШВЕЦИЯ
ШРИ-ЛАНКА
ЭКВАДОР
ЭРИТРЕЯ
ЭСВАТИНИ
ЭСТОНИЯ
ЭФИОПИЯ
ЮЖНАЯ АФРИКА
ЯМАЙКА
ЯПОНИЯ

Устав Агентства был утвержден 23 октября 1956 года на Конференции по выработке Устава МАГАТЭ, которая состоялась в Центральных учреждениях Организации Объединенных Наций в Нью-Йорке. Устав вступил в силу 29 июля 1957 года. Центральные учреждения Агентства находятся в Вене. Главной целью Агентства является достижение «более скорого и широкого использования атомной энергии для поддержания мира, здоровья и благосостояния во всем мире».

СЕРИЯ НОРМ БЕЗОПАСНОСТИ МАГАТЭ, № SSG-64

# ЗАЩИТА ОТ ВНУТРЕННИХ ОПАСНОСТЕЙ ПРИ ПРОЕКТИРОВАНИИ АТОМНЫХ ЭЛЕКТРОСТАНЦИЙ

## СПЕЦИАЛЬНОЕ РУКОВОДСТВО ПО БЕЗОПАСНОСТИ

МЕЖДУНАРОДНОЕ АГЕНТСТВО ПО АТОМНОЙ ЭНЕРГИИ
ВЕНА, 2024

Издательская секция (Publishing Section)
Международное агентство по атомной энергии
Венский международный центр,
а/я 100,
A1400 Вена, Австрия
тел.: +43 1 2600 22529 или 22530
эл. почта: sales.publications@iaea.org
https://www.iaea.org/ru/publikacii



Отпечатано МАГАТЭ в Австрии
Декабрь, 2024
STI/PUB/1947

ЗАЩИТА ОТ ВНУТРЕННИХ ОПАСНОСТЕЙ ПРИ ПРОЕКТИРОВАНИИ АТОМНЫХ ЭЛЕКТРОСТАНЦИЙ
МАГАТЭ, ВЕНА, 2024 ГОД
STI/PUB/1947
ISBN 978–92–0–451823-8 (печатный формат) | ISBN 978–92–0–451623-4 (формат pdf) | ISBN 978-92-0-451723-1 (epub)
ISSN 1020–5845

# ПРЕДИСЛОВИЕ

## Рафаэль Мариано Гросси
## Генеральный директор

Согласно своему Уставу, МАГАТЭ уполномочивается «устанавливать... нормы безопасности для охраны здоровья и сведения к минимуму опасности для жизни и имущества». Речь идет о нормах, которые МАГАТЭ должно применять в отношении своей собственной деятельности и которые государства могут применять в рамках своих национальных регулирующих положений.

Программа норм безопасности МАГАТЭ была начата в 1958 году, и с тех пор произошло много изменений. Как Генеральный директор я разделяю стремление к тому, чтобы МАГАТЭ и далее поддерживало и совершенствовало эту всеобъемлющую, многогранную и последовательную серию изданий, в которой выходят актуальные, удобные для пользователя и соответствующие поставленным целям нормы безопасности, неизменно высокого качества. Их надлежащее применение при использовании ядерной науки и технологий позволит достичь высоких стандартов защиты людей и окружающей среды во всем мире и обеспечить необходимую уверенность для непрерывного использования ядерных технологий ради всеобщего блага.

Обеспечение безопасности относится к сфере ответственности государства, что закреплено в ряде международных конвенций. Нормы безопасности МАГАТЭ составляют основу этих правовых документов и служат глобальным источником информации, которым могут руководствоваться стороны при выполнении своих обязательств. Хотя нормы безопасности не имеют для государств-членов обязательной юридической силы, они широко применяются на практике. Они выполняют функцию незаменимого источника информации и общего знаменателя для подавляющего большинства государств-членов, которые внедрили эти нормы в свои национальные регулирующие положения в целях укрепления безопасности на ядерных энергетических установках, исследовательских реакторах и установках топливного цикла, а также в области применения ядерных технологий в медицине, промышленности, сельском хозяйстве и научных исследованиях.

Нормы безопасности МАГАТЭ обобщают практический опыт государств-членов и подготовлены на основе международного консенсуса. Особенно важное значение имеет то, что в их разработке принимают участие члены профильных комитетов по нормам безопасности, Комитета по руководящим материалам по физической ядерной безопасности и Комиссии по нормам безопасности, и я признателен всем тем, кто привносит в эту деятельность свои знания и опыт.

Со своей стороны МАГАТЭ также опирается на эти нормы безопасности, когда оказывает помощь государствам-членам в рамках своих миссий по экспертной оценке и консультационных услуг. Это облегчает государствам-членам применение данных норм на практике и создает условия для обмена ценным опытом и аналитическими наработками. Нормы безопасности периодически пересматриваются с учетом отзывов, полученных по итогам соответствующих миссий и услуг, уроков, извлеченных в результате тех или иных событий, а также опыта работы с такими материалами.

Я убежден, что нормы безопасности МАГАТЭ, как и практика их применения, вносят неоценимый вклад в обеспечение высокого уровня безопасности во всех сферах, где используются ядерные технологии. Я призываю все государства-члены способствовать более широкому применению этих норм и сотрудничать с МАГАТЭ в интересах поддержания их качества как в реалиях сегодняшнего дня, так и в будущем.

# НОРМЫ БЕЗОПАСНОСТИ МАГАТЭ

## ОБЩИЕ СВЕДЕНИЯ

Радиоактивность — это естественное явление, и в окружающей среде присутствуют природные (естественные) источники излучения. Ионизирующие излучения и радиоактивные вещества с пользой применяются во многих сферах — от производства энергии до использования в медицине, промышленности и сельском хозяйстве. Радиационные риски, которым в результате этих применений могут подвергаться работники, население и окружающая среда, подлежат оценке и должны в случае необходимости контролироваться.

Поэтому такая деятельность, как медицинское использование излучения, эксплуатация ядерных установок, производство, перевозка и использование радиоактивных материалов и обращение с радиоактивными отходами, должна осуществляться в соответствии с нормами безопасности.

Ответственность за регулирование в области безопасности возлагается на государства. Однако радиационные риски могут выходить за пределы национальных границ, и в рамках международного сотрудничества принимаются меры по обеспечению и укреплению безопасности в глобальном масштабе посредством обмена опытом и расширения возможностей для контроля опасностей, предотвращения аварий, реагирования в случае аварийных ситуаций и смягчения любых вредных последствий.

Государства обязаны проявлять должную осмотрительность и соответствующую осторожность, и предполагается, что они будут выполнять свои национальные и международные обязательства.

Международные нормы безопасности содействуют выполнению государствами своих обязательств согласно общим принципам международного права, например, касающимся охраны окружающей среды. Кроме того, международные нормы безопасности укрепляют и обеспечивают уверенность в безопасности и способствуют международной торговле.

Глобальный режим ядерной безопасности постоянно совершенствуется. Нормы безопасности МАГАТЭ, которые поддерживают осуществление имеющих обязательную силу международных договорно-правовых документов и функционирование национальных инфраструктур безопасности, являются краеугольным камнем этого глобального режима. Нормы безопасности МАГАТЭ представляют собой полезный инструмент, с помощью которого договаривающиеся стороны оценивают свою деятельность по выполнению этих конвенций.

# НОРМЫ БЕЗОПАСНОСТИ МАГАТЭ

Статус норм безопасности МАГАТЭ вытекает из Устава МАГАТЭ, которым МАГАТЭ уполномочивается устанавливать и применять, в консультации и в надлежащих случаях в сотрудничестве с компетентными органами Организации Объединенных Наций и с заинтересованными специализированными учреждениями, нормы безопасности для охраны здоровья и сведения к минимуму опасности для жизни и имущества и обеспечивать применение этих норм.

В целях обеспечения защиты людей и охраны окружающей среды от вредного воздействия ионизирующего излучения нормы безопасности МАГАТЭ устанавливают основополагающие принципы безопасности, требования и меры для обеспечения контроля за радиационным облучением людей и выбросом радиоактивного материала в окружающую среду, ограничения вероятности событий, которые могут привести к утрате контроля за активной зоной ядерного реактора, ядерной цепной реакцией, радиоактивным источником или любым другим источником излучения, и смягчения последствий таких событий в случае, если они будут иметь место. Нормы касаются установок и деятельности, связанных с радиационными рисками, включая ядерные установки, использование радиационных и радиоактивных источников, перевозку радиоактивных материалов и обращение с радиоактивными отходами.

Меры по обеспечению безопасности и физической безопасности[1] преследуют общую цель защиты жизни и здоровья людей и охраны окружающей среды. Меры по обеспечению безопасности и физической безопасности должны разрабатываться и осуществляться комплексно таким образом, чтобы меры по обеспечению физической безопасности не осуществлялись в ущерб безопасности, и наоборот, чтобы меры по обеспечению безопасности не осуществлялись в ущерб физической безопасности.

Нормы безопасности МАГАТЭ отражают международный консенсус в отношении того, что является основой высокого уровня безопасности для защиты людей и охраны окружающей среды от вредного воздействия ионизирующего излучения. Они выпускаются в Серии норм безопасности МАГАТЭ, которая состоит из документов трех категорий (см. рис. 1).

---

[1] См. также публикации в серии изданий МАГАТЭ по физической ядерной безопасности.

*РИС. 1. Долгосрочная структура Серии норм безопасности МАГАТЭ.*

**Основы безопасности**

Основы безопасности содержат основополагающие цели и принципы защиты и безопасности и служат основой для требований безопасности.

**Требования безопасности**

Комплексный и согласованный свод требований безопасности устанавливает требования, которые должны выполняться с целью обеспечения защиты людей и охраны окружающей среды в настоящее время и в будущем. Эти требования устанавливаются в соответствии с целями и принципами, изложенными в Основах безопасности. Если требования не выполняются, то должны приниматься меры для достижения или восстановления требуемого уровня безопасности. Формат и стиль требований облегчают их гармоничное использование для создания национальной основы регулирования. Требования, включая пронумерованные всеобъемлющие требования, выражаются формулировками «должен, должна, должно, должны». Многие требования конкретно не адресуются, а это означает, что за их выполнение отвечают соответствующие стороны.

**Руководства по безопасности**

В руководствах по безопасности содержатся рекомендации и руководящие материалы, касающиеся выполнения требований безопасности, и в них выражается международный консенсус в отношении необходимости принятия рекомендуемых мер (или эквивалентных альтернативных мер). В руководствах по безопасности представлена международная надлежащая практика, и они во все большей степени отражают наилучшую практику, помогающую пользователям достичь высокого уровня безопасности. Рекомендации, содержащиеся в руководствах по безопасности, формулируются с применением глагола «следует».

## ПРИМЕНЕНИЕ НОРМ БЕЗОПАСНОСТИ МАГАТЭ

Основными пользователями норм безопасности в государствах — членах МАГАТЭ являются регулирующие и другие соответствующие государственные органы. Кроме того, нормы безопасности МАГАТЭ используются другими организациями-спонсорами и многочисленными организациями, которые занимаются проектированием, сооружением и эксплуатацией ядерных установок, а также организациями, участвующими в использовании радиационных и радиоактивных источников.

Нормы безопасности МАГАТЭ применяются в соответствующих случаях на протяжении всего жизненного цикла всех имеющихся и новых установок, используемых в мирных целях, и на протяжении всей нынешней и новой деятельности в мирных целях, а также в отношении защитных мер, применяемых с целью уменьшения существующих радиационных рисков. Они могут использоваться государствами в качестве основы для национальных регулирующих положений в отношении установок и деятельности.

Согласно Уставу МАГАТЭ нормы безопасности являются обязательными для МАГАТЭ применительно к его собственной деятельности, а также для государств применительно к работе, выполняемой с помощью МАГАТЭ.

Кроме того, нормы безопасности МАГАТЭ формируют основу для услуг МАГАТЭ по рассмотрению безопасности, и они используются МАГАТЭ для повышения компетентности, включая разработку учебных планов и проведение учебных курсов.

Международные конвенции содержат требования, которые аналогичны требованиям, изложенным в нормах безопасности МАГАТЭ, и являются обязательными для договаривающихся сторон. Нормы безопасности МАГАТЭ, подкрепляемые международными конвенциями, отраслевыми стандартами и подробными национальными требованиями, создают прочную основу для защиты людей и охраны окружающей среды. Существуют также некоторые особые вопросы безопасности, требующие оценки на национальном уровне. Например, многие нормы безопасности МАГАТЭ, особенно нормы, посвященные вопросам планирования или разработки мер по обеспечению безопасности, предназначаются, прежде всего, для применения к новым установкам и видам деятельности. На некоторых существующих установках, сооруженных в соответствии с нормами, принятыми ранее, не возможно выполнять в полном объеме требования, установленные в нормах безопасности МАГАТЭ. Вопрос о том, как нормы безопасности МАГАТЭ должны применяться на таких установках, решают сами государства.

Научные соображения, лежащие в основе норм безопасности МАГАТЭ, обеспечивают объективную основу для принятия решений по вопросам безопасности; однако органы, отвечающие за принятие решений, должны также выносить обоснованные суждения, а также должны определять, как обеспечить оптимальный баланс между пользой от принимаемых мер или осуществляемых мероприятий и связанными с ними радиационными рисками и любыми иными негативными последствиями применения этих мер или мероприятий.

## ПРОЦЕСС РАЗРАБОТКИ НОРМ БЕЗОПАСНОСТИ МАГАТЭ

Подготовкой и рассмотрением норм безопасности занимаются Секретариат МАГАТЭ и пять комитетов по нормам безопасности, охватывающих аварийную готовность и реагирование (ЭПРеСК), ядерную безопасность (НУССК), радиационную безопасность (РАССК), безопасность радиоактивных отходов (ВАССК) и безопасную перевозку радиоактивных материалов (ТРАНССК), а также Комиссия по нормам безопасности (КНБ), которая осуществляет надзор за программой по нормам безопасности МАГАТЭ (см. рис. 2).

Все государства — члены МАГАТЭ могут назначать экспертов в комитеты по нормам безопасности и представлять замечания по проектам норм. Члены Комиссии по нормам безопасности назначаются Генеральным директором, и в ее состав входят старшие правительственные должностные лица, несущие ответственность за установление национальных норм.

Для осуществления процессов планирования, разработки, рассмотрения, пересмотра и установления норм безопасности МАГАТЭ создана система управления. Особое место в ней занимают мандат МАГАТЭ,

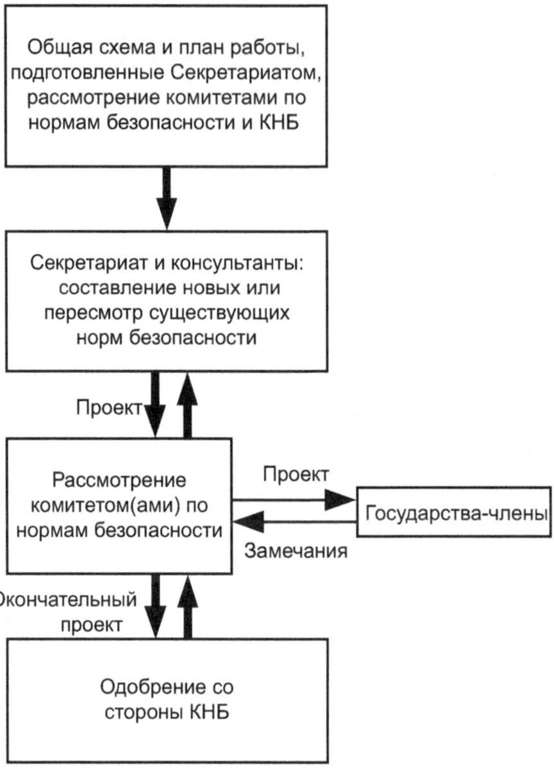


*РИС. 2. Процесс разработки новых норм безопасности или пересмотр существующих норм.*

видение будущего применения норм, политики и стратегий безопасности и соответствующие функции и обязанности.

## ВЗАИМОДЕЙСТВИЕ С ДРУГИМИ МЕЖДУНАРОДНЫМИ ОРГАНИЗАЦИЯМИ

При разработке норм безопасности МАГАТЭ учитываются выводы Научного комитета ООН по действию атомной радиации (НКДАР ООН) и рекомендации международных экспертных органов, в частности, Международной комиссии по радиологической защите (МКРЗ). Некоторые нормы безопасности разрабатываются в сотрудничестве с другими органами системы Организации Объединенных Наций или другими специализированными учреждениями, включая Продовольственную и сельскохозяйственную организацию Объединенных Наций, Программу

Организации Объединенных Наций по окружающей среде, Международную организацию труда, Агентство по ядерной энергии ОЭСР, Панамериканскую организацию здравоохранения и Всемирную организацию здравоохранения.

## ТОЛКОВАНИЕ ТЕКСТА

Относящиеся к ядерной и физической безопасности термины следует понимать так, как они представлены в Глоссарии МАГАТЭ по ядерной и физической безопасности (см. https://www.iaea.org/resources/publications/iaea-nuclear-safety-and-security-glossary). Во всех остальных случаях в издании на английском языке слова используются с написанием и значением, приведенными в последнем издании Краткого оксфордского словаря английского языка. Для руководств по безопасности аутентичным текстом является английский вариант.

Общие сведения и соответствующий контекст норм в Серии норм безопасности МАГАТЭ, а также их цель, сфера применения и структура приводятся в разделе 1 «Введение» каждой публикации.

Материал, который нецелесообразно включать в основной текст (например, материал, являющийся вспомогательным или отдельным от основного текста, дополняет формулировки основного текста или описывает методы расчетов, процедуры или пределы и условия), может быть представлен в дополнениях или приложениях.

Дополнение, если оно включено, рассматривается в качестве неотъемлемой части норм безопасности. Материал в дополнении имеет тот же статус, что и основной текст, и МАГАТЭ берет на себя авторство в отношении такого материала. Приложения и сноски к основному тексту, если они включены, используются для предоставления практических примеров или дополнительной информации или пояснений. Приложения и сноски не являются неотъемлемой частью основного текста. Материал в приложениях, опубликованный МАГАТЭ, не обязательно выпускается в качестве его авторского материала; в приложениях к нормам безопасности может быть представлен материал, имеющий другое авторство. Посторонний материал, публикуемый в приложениях, приводится в виде выдержек и адаптируется по мере необходимости, с тем чтобы быть в целом полезным.

# СОДЕРЖАНИЕ

# 1. ВВЕДЕНИЕ

## ОБЩИЕ СВЕДЕНИЯ

1.1. В настоящем Руководстве по безопасности приводятся рекомендации по выполнению требований, установленных в публикации Серии норм безопасности МАГАТЭ, № SSR-2/1 (Rev. 1), «Безопасность атомных электростанций: проектирование» [1], в части защиты от внутренних опасностей при проектировании наземных стационарных атомных электростанций с водоохлаждаемыми реакторами.

1.2. Настоящее Руководство по безопасности является отредактированным и объединенным вариантом публикаций Серии норм безопасности МАГАТЭ, № NS-G-1.11, «Protection against Internal Hazards other than Fires and Explosions in the Design of Nuclear Power Plants» («Защита от внутренних опасностей, помимо пожаров и взрывов, при проектировании атомных электростанций»)[1] и № NS-G-1.7, «Защита от внутренних пожаров и взрывов при проектировании атомных электростанций»[2], обе из которых заменяются данным Руководством по безопасности. Редактирование сводилось главным образом к обновлению технического содержания с целью приведения его в соответствие с требованиями, установленными в SSR-2/1 (Rev. 1) [1]. Кроме того, в сферу применения настоящего Руководства по безопасности включены внутренние опасности, связанные с электромагнитными полями или электромагнитными помехами, а также опасности, связанные с выбросом опасных веществ, происходящим в границах площадки.

## ЦЕЛЬ

1.3. Цель настоящего Руководства по безопасности — дать регулирующим органам, проектировщикам и лицензиатам атомных электростанций рекомендации по оценке опасностей (в том числе сочетаний опасностей) и концепциям проектирования для защиты от внутренних опасностей на

[1] INTERNATIONAL ATOMIC ENERGY AGENCY, Protection against Internal Hazards other than Fires and Explosions in the Design of Nuclear Power Plants, IAEA Safety Standards Series No. NS-G-1.11, IAEA, Vienna (2004).

[2] МЕЖДУНАРОДНОЕ АГЕНТСТВО ПО АТОМНОЙ ЭНЕРГИИ, Защита от внутренних пожаров и взрывов при проектировании атомных электростанций, Серия норм безопасности МАГАТЭ, № NS-G-1.7, МАГАТЭ, Вена (2008).

атомных электростанциях в целях выполнения требований, установленных в SSR-2/1 (Rev. 1) [1].

## ОБЛАСТЬ ПРИМЕНЕНИЯ

1.4. Настоящее Руководство по безопасности применимо главным образом к наземным стационарным атомным электростанциям с водоохлаждаемыми реакторами, спроектированным для производства электроэнергии или для других теплоэнергетических применений (таких как централизованное теплоснабжение или опреснение). Для инновационных разработок будущих систем, модифицированных установок или реакторов других типов некоторые разделы настоящего Руководства по безопасности могут быть применимы не в полном объеме либо трактоваться с определенной долей осмотрительности.

1.5. Настоящее Руководство по безопасности охватывает конструктивные элементы, необходимые для защиты узлов (т.е. конструкций, систем и элементов (КСЭ)), важных для безопасности атомных электростанций, от воздействия внутренних опасностей при всех режимах эксплуатации. В данном Руководстве по безопасности рассматриваются следующие внутренние опасности: пожары, взрывы, летящие предметы, разрывы труб, затопление, обрушение конструкций и падение предметов с акцентом на падении тяжелых грузов, электромагнитные помехи и выброс опасных веществ, происходящий в границах площадки.

1.6. В настоящем Руководстве по безопасности не разбираются вопросы обычной техники безопасности, за исключением тех случаев, когда это может повлиять на безопасность атомной электростанции.

1.7. Рекомендации, содержащиеся в настоящем Руководстве по безопасности, сформулированы прежде всего для новых атомных электростанций. Ожидается, что в случае станций, спроектированных по ранее принятым стандартам, при оценке безопасности таких проектов будет проводиться сравнение с современными стандартами (например, в рамках периодической экспертизы безопасности станции) с целью установления возможности дальнейшего повышения безопасности эксплуатации станции на основе внедрения практически осуществимых усовершенствований систем безопасности: см. SSR-2/1 (Rev. 1) [1], пункт 1.3.

СТРУКТУРА

1.8. В разделе 2 изложены общие соображения относительно защиты от внутренних опасностей на атомных электростанциях. В разделе 3 приводятся общие рекомендации по проектированию для защиты от внутренних опасностей на атомных электростанциях. В разделе 4 содержатся конкретные рекомендации по защите от пожаров, взрывов, летящих предметов, разрывов труб, затопления, обрушения конструкций и падающих предметов с акцентом на падении тяжелых грузов, электромагнитных помех и выброса опасных веществ, происходящего в границах площадки. В приложении I даются руководящие указания в отношении действий в случае сочетания опасностей. В приложении II приводятся подробные руководящие указания по защите от внутренних пожаров.

# 2. ОБЩИЕ СООБРАЖЕНИЯ

2.1. Требование 17 SSR-2/1 (Rev. 1) [1] гласит:

> «**Все прогнозируемые внутренние опасности и внешние опасности, включая потенциальные события техногенного происхождения, напрямую или косвенно затрагивающие безопасность АЭС, должны быть выявлены, а их последствия должны быть оценены. Опасности должны учитываться при проектировании планировки станции и при определении постулируемых исходных событий и возникающих в связи с ними нагрузок, которые принимаются в расчет при проектировании соответствующих узлов АЭС, важных для безопасности**».

2.2. В SSR-2/1 (Rev. 1) [1], пункт 5.16, указывается:

> «При проектировании станции должны надлежащим образом учитываться внутренние опасности, такие как возгорание, взрыв, затопление, образование летящих предметов, обрушение конструкций и падение предметов, биение трубы, ударное воздействие струи или выброс жидкости из поврежденных систем или из других установок на площадке. Должны предусматриваться соответствующие средства для предупреждения и смягчения, с тем чтобы не допустить возникновения угрозы для безопасности».

2.3. В разделах 3 и 4 настоящего Руководства по безопасности содержатся соответственно общие рекомендации по проектированию и конкретные рекомендации по проектированию для выполнения требования 17 и требований, установленных в SSR-2/1 (Rev. 1) [1], пункт 5.16, в отношении внутренних опасностей.

2.4. Узел, важный для безопасности, — это узел, который является частью группы безопасности и/или неисправность или отказ которого может привести к радиационному облучению персонала на площадке или лиц из населения [2]. Согласно этому определению, а также определению запроектных условий в SSR-2/1 (Rev. 1) [1], средства безопасности для запроектных условий являются узлами, важными для безопасности. Таким образом, средства безопасности для запроектных условий должны проектироваться с учетом соответствующих внутренних опасностей или быть защищены от них. Кроме того, средства безопасности для запроектных условий могут быть источниками внутренних опасностей, которые необходимо принимать в расчет.

2.5. Внутренние опасности — это те факторы, представляющие угрозу для безопасности АЭС, которые возникают в пределах границ площадки АЭС и связаны с отказами установок и сбоями в деятельности, находящимися под контролем эксплуатирующей организации. Внутренние опасности, рассматриваемые в данном Руководстве по безопасности, перечислены в пункте 1.5.

2.6. Опасности, вызванные другими установками на той же площадке (или возникающие на них), также считаются внутренними опасностями.

2.7. Внутренние опасности также могут быть порождены внешними опасностями (например, землетрясение, за которым последовало внутреннее затопление, землетрясение, вызвавшее пожар).

2.8. Воздействия, вызванные внутренними опасностями, могут также иметь каскадный эффект и повлечь за собой другие внутренние опасности (например, летящий предмет может вызвать разрыв трубы, а затем внутреннее затопление).

2.9. В рамках настоящего Руководства по безопасности также рассматриваются все вероятные сочетания опасностей (см. приложение I).

2.10. Внутренние опасности способны вызвать исходные события, привести к отказам оборудования, необходимого для смягчения последствий таких событий, и негативно повлиять (прямо или косвенно) на барьеры, призванные предотвратить выброс радиоактивного материала. В силу своей природы внутренние опасности могут одновременно создать угрозу для более чем одного эшелона глубокоэшелонированной защиты и, к примеру, сделать более тесной зависимость между причиной исходных событий и отказом оборудования, предназначенного для смягчения их последствий.

2.11. Хотя попытки сделать так, чтобы внутренняя опасность не привела к ожидаемому при эксплуатации событию, могут быть нецелесообразными или невозможными, одна из задач планировки и проектирования атомной электростанции состоит в недопущении, насколько это практически возможно, того, чтобы внутренние опасности повлекли за собой аварию.

2.12. Цель учета внутренних опасностей при проектировании атомных электростанций — обеспечить выполнение фундаментальных функций безопасности (см. требование 4 SSR-2/1 (Rev. 1) [1]) во всех состояниях станции, а также возможность приведения станции в безопасное состояние и поддержания ее в этом состоянии после возникновения любой вероятной внутренней опасности. Это подразумевает следующее:

a) резервные системы по возможности разнесены или надлежащим образом разделены и защищены, если это необходимо, для предотвращения потери функции безопасности, выполняемой этими системами;
b) конструкция отдельных КСЭ такова, что проектных аварий или запроектных условий, которые могут быть вызваны внутренними опасностями, удается избежать, насколько это практически возможно;
c) применяемых мер разнесения, разделения и защиты достаточно, для того чтобы реакция системы, описанная в анализе постулируемых исходных событий, не была затронута воздействием внутренней опасности;
d) конструкция такова, что внутренняя опасность не приведет к отказу по общей причине на участке между резервными системами безопасности, предназначенными для контроля проектных аварий, и между этими системами и средствами безопасности, необходимыми в случае возникновения запроектных условий с расплавлением активной зоны;
e) внутренняя опасность, возникающая в других местах станции, не влияет на обитаемость блочного пункта управления. Если блочный пункт управления утрачивает обитаемость, обеспечивается доступ к дополнительному пункту управления и его обитаемость. Кроме того,

при необходимости персонал станции получает доступ к оборудованию для выполнения локальных действий.

2.13. В соответствии с концепцией глубокоэшелонированной защиты первый эшелон глубокоэшелонированной защиты обеспечивает защиту от внутренних опасностей в целом за счет обеспечения высокого качества и надежности КСЭ, аттестации этих КСЭ по воздействию на окружающую среду, применения принципов резервирования и неодинаковости, физического разделения и разнесения, а также проектирования соответствующих барьеров и других защитных средств. Поэтому проектирование для защиты от воздействия внутренних опасностей — это итеративный процесс, объединяющий в себе требования защиты от нескольких внутренних опасностей. Для раннего обнаружения внутренней опасности (или признаков, которые могут указывать на возникновение внутренней опасности) и принятия необходимых корректирующих мер для защиты от этой опасности требуется организовать надлежащее наблюдение за КСЭ и их инспектирование в процессе эксплуатации. Идентификация опасностей на ранней стадии проектирования часто используется как практический метод выявления и устранения опасностей.

# 3. ОБЩИЕ РЕКОМЕНДАЦИИ ПО ПРОЕКТИРОВАНИЮ ДЛЯ ЗАЩИТЫ ОТ ВНУТРЕННИХ ОПАСНОСТЕЙ

3.1. Несмотря на меры по сведению к минимуму вероятности возникновения внутренней опасности, такие опасности все же могут возникнуть. Способность атомной электростанции выдержать воздействие внутренних опасностей и смягчить последствия вызванных ими постулируемых исходных событий должна быть неотъемлемой частью проекта станции: см. SSR-2/1 (Rev. 1) [1], пункт 5.16.

3.2. Предлагаемый в настоящем Руководстве по безопасности подход к проектированию для защиты узлов, важных для безопасности, и, в зависимости от обстоятельств, персонала станции, выполняющего действия по защите от внутренних опасностей, базируется на следующих основных шагах:

a) идентификация внутренних опасностей и вероятных сочетаний опасностей, а также характеризация последствий этой(их) опасности(ей);
b) проектирование с учетом необходимости предотвратить внутренние опасности или предотвратить негативные последствия внутренних опасностей;
c) проектирование средств для смягчения негативных последствий внутренних опасностей для узлов, важных для безопасности.

Данный подход к проектированию также предполагает оценку защиты от внутренних опасностей в соответствии с целями проектирования, указанными в пункте 2.12, и подтверждение того, что эти цели достигнуты для всех вероятных опасностей на станции.

3.3. При проектировании для защиты от внутренних опасностей рекомендации по проектированию с учетом требований ядерной безопасности и рекомендации по проектированию с учетом требований физической безопасности должны рассматриваться в комплексе, чтобы меры ядерной безопасности и меры физической безопасности не принимались в ущерб друг другу. Рекомендации по физической ядерной безопасности приведены в [3].

3.4. Некоторые постулируемые внутренние опасности могут быть настолько велики, что предусмотреть в проекте средства для смягчения их последствий не представляется возможным (например, неконтролируемое падение крышки корпуса реактора). В таких случаях основной акцент делается на предупредительные меры, и следует провести оценку, для того чтобы можно было уверенно заявить, что такие события крайне маловероятны. Даже если полностью предотвратить такие события невозможно, в проекте все равно потребуется предусмотреть меры для смягчения последствий таких событий, насколько это практически возможно: см. SSR-2/1 (Rev. 1) [1], пункт 2.8.

3.5. Для защиты узлов, важных для безопасности, атомная электростанция должна быть в любой момент способна заблаговременно обнаружить внутренние опасности и эффективно противодействовать им.

## ИДЕНТИФИКАЦИЯ И ХАРАКТЕРИЗАЦИЯ ВНУТРЕННИХ ОПАСНОСТЕЙ И СОЧЕТАНИЙ ОПАСНОСТЕЙ

3.6. При проектировании установки следует провести идентификацию внутренних опасностей, используя инженерные оценки в сочетании с опытом эксплуатации и уроками проектирования схожих установок, а также результатами детерминистических оценок безопасности и вероятностных оценок безопасности. Идентификация и характеризация внутренних опасностей должны включать рассмотрение исходных условий (например, режимов останова станции), масштаба и вероятности возникновения опасностей, местонахождения источников опасностей, итоговых условий внешней среды и возможного воздействия на КСЭ, важные для безопасности, или на другие КСЭ, отказ которых может привести к постулируемому исходному событию. Процесс идентификации и характеризации опасностей должен быть методичным, тщательно документироваться и подкрепляться проверками во время обходов станции.

3.7. При проектировании станции должны быть учтены возможные сочетания одних внутренних опасностей с другими и внутренних опасностей с внешними и все вытекающие из них последствия (например, разрыв высоконапорных труб, биение трубы, воздействие струи, затопление): см. SSR-2/1 (Rev. 1) [1], пункт 5.32. Сочетания, которые потребуется рассмотреть, будут зависеть от характеристик площадки и общего проекта станции[3].

3.8. При проектировании должны быть учтены все вероятные сочетания опасностей. Исключение любых сочетаний должно быть обосновано (см. приложение I).

3.9. При идентификации опасностей делаются допущения относительно их характеристик. Для устранения неопределенностей в отношении этих характеристик могут быть сделаны ограничивающие или консервативные допущения при условии, что эти допущения обоснованы.

---

[3] Например, некоторые сочетания опасностей могут включать в себя внешние события, возникновение которых в определенных местах маловероятно (например, песчаные бури, метели). Поэтому определять некий набор сочетаний опасностей, который был бы применим ко всем площадкам, нет необходимости и, вообще говоря, невозможно.

3.10. В SSR-2/1 (Rev. 1) [1], пункт 5.15А, указывается:

> «Важные для безопасности элементы проектируются и размещаются с должным учетом других последствий для безопасности так, чтобы противостоять воздействию источников опасности или быть защищенными сообразно их важности для безопасности от источников опасности и от механизмов отказа по общей причине, которые образуют источники опасности».

Соответствующие внутренние опасности должны быть идентифицированы, а их воздействие и создаваемые этими опасностями условия внешней среды — оценены и приняты в расчет при проектировании и планировке станции: см. SSR-2/1 (Rev. 1) [1], требование 17. Об этом пойдет речь в пунктах 3.11–3.34, которые также в соответствующих случаях применяются к внутренним опасностям, возникающим в результате сочетаний опасностей.

## ПРЕДОТВРАЩЕНИЕ ВНУТРЕННИХ ОПАСНОСТЕЙ И ВОЗДЕЙСТВИЯ ЭТИХ ОПАСНОСТЕЙ

3.11. Некоторые опасности могут быть исключены либо потому, что они физически невозможны (например, падение тяжелого груза при отсутствии подъемного оборудования), либо за счет строгого обоснования, включающего, как минимум, очень высокое качество проектирования, производства, строительства и инспектирования в процессе эксплуатации, а также должный учет уроков, извлеченных из опыта эксплуатации.

3.12. Если исключить опасности невозможно, следует принять меры, в том числе административные, для снижения частоты и потенциальной величины этих опасностей и их воздействия на КСЭ, важные для безопасности. В основном это должно быть достигнуто за счет уменьшения, насколько это практически возможно, потенциальных источников опасности (например, ограничения использования горючих материалов и присутствия источников зажигания) параллельно с надзором и инспектированием в процессе эксплуатации. Это может быть также достигнуто за счет правильного расположения и планировки (например, обеспечения наилучшей ориентации быстро вращающихся машин).

## СМЯГЧЕНИЕ ВОЗДЕЙСТВИЯ ВНУТРЕННИХ ОПАСНОСТЕЙ

3.13. В отношении каждой внутренней опасности, которая учитывается при проектировании, должны приниматься меры по контролю и ограничению последствий. Эти меры будут зависеть от типа опасности и от конкретных технических решений, включенных в проект. Как правило, в число принимаемых мер следует также включать конкретные меры, позволяющие обнаружить возникновение соответствующей опасности.

3.14. Конструктивные элементы для защиты от воздействия внутренних опасностей должны быть классифицированы по безопасности: см. SSR-2/1 (Rev. 1) [1], требование 22. Эта классификация по безопасности должна выполняться в соответствии с рекомендациями, приведенными в публикации Серии норм безопасности МАГАТЭ, № SSG-30, «Классификация конструкций, систем и элементов атомных электростанций по безопасности» [4]. Защитные элементы конструкции должны быть классифицированы на основе их функции и значимости с точки зрения безопасности: см. SSR-2/1 (Rev. 1) [1], пункт 5.34.

3.15. Меры по смягчению последствий событий могут быть пассивными, активными или регламентными. Пассивные конструктивные решения — без движущихся частей или внешнего источника энергии — обычно считаются более предпочтительными, чем реализация активных мер или выполнение регламентов.

3.16. В случае активных средств защиты, где это применимо, следует исходить из предположения о наихудшем единичном отказе.

3.17. Учитывать возможность отказа пассивного средства защиты необязательно, если доказано, что его отказ крайне маловероятен и что его функция не пострадает в результате постулируемой опасности (см. SSR-2/1 (Rev. 1) [1], пункт 5.40).

3.18. Раннее обнаружение — если таковое возможно — возникновения внутренних опасностей, подкрепленное соответствующими действиями в связи с обнаружением опасности, способствует смягчению возможных последствий.

3.19. В зависимости от обстоятельств меры по смягчению воздействия внутренних опасностей должны включать резервирование, неодинаковость и физическое разделение, включая разнесение резервных групп. Концепция разнесения применима на следующих уровнях:

a) планировка станции: например, отделение аварийных дизель-генераторов друг от друга;
b) планировка зданий: например, уменьшение воздействия опасностей, связанных с летящими предметами, за счет правильной ориентации оборудования;
c) помещения и отсеки: например, разделение их на пожарные отсеки или секции;
d) КСЭ: например, отделение кабелей разных групп безопасности друг от друга.

3.20. Меры планировки и проектирования, защищающие КСЭ, важные для безопасности, от воздействия внутренних опасностей, должны быть такими, чтобы были достигнуты цели проектирования, указанные в пункте 2.12.

3.21. Уровень надежности средств обнаружения внутренних опасностей и смягчения их последствий должен соответствовать их роли в обеспечении глубокоэшелонированной защиты.

## ОЦЕНКА, ПРОВЕРКА И КРИТЕРИИ УСПЕХА

3.22. Для оценки адекватности проектирования следует определить качественные и/или количественные критерии успеха сообразно целям проектирования, указанным в пункте 2.12.

3.23. Должна быть выполнена оценка, показывающая, что внутренние опасности, актуальные для данного проекта атомной электростанции, приняты в расчет и что в разработанных средствах предотвращения и смягчения последствий предусмотрены достаточные запасы безопасности для учета неопределенностей в идентификации и характеризации внутренних опасностей и их воздействия, а также для недопущения пороговых эффектов. Эта оценка должна быть проведена на ранней стадии проектирования и документально оформлена. Она должна быть актуализирована перед первоначальной загрузкой ядерного топлива в реактор и поддерживаться в актуальном состоянии в процессе эксплуатации станции.

3.24. При проектировании должна быть поставлена цель недопущения того, чтобы единичная внутренняя опасность повлекла за собой аварию, если только эта опасность не может сама по себе рассматриваться как постулируемая авария (например, разрыв трубопровода). В частности, проект должен с высокой степенью уверенности гарантировать, что единичная внутренняя опасность не приведет к возникновению запроектных условий с расплавлением активной зоны. Если этого достичь невозможно, проектировщик должен продемонстрировать, что граничные условия, использованные при анализе соответствующей аварии, не подвержены влиянию нагрузок, возникающих в результате внутренней опасности.

3.25. Конструктивные элементы, защищающие КСЭ, которые предполагается использовать при запроектных условиях, должны быть рассчитаны или проверены на нагрузки, условия и сроки, связанные с этими сценариями (например, последствия сгорания водорода). Эти конструктивные элементы должны быть защищены от последствий внутренней опасности, которая возникнет до того, как запроектные условия будут полностью ликвидированы. Для проектирования или проверки этих защитных средств могут быть использованы наилучшие оценки проектных нагрузок, условий и сроков.

3.26. Для демонстрации адекватности проектных средств защиты от внутренних опасностей должны быть выполнены детерминистические анализы безопасности, при необходимости дополненные вероятностными анализами. Проектирование должно быть итеративным процессом, учитывающим результаты таких анализов безопасности.

3.27. Внутренние опасности, учитываемые в детерминистическом анализе безопасности для определенного места на атомной электростанции, подразделяются на следующие категории:

a) внутренние опасности, которые не вызывают или не являются следствием ожидаемого при эксплуатации события или аварии;
b) внутренние опасности, которые могут вызвать ожидаемое при эксплуатации событие или стать его следствием;
c) внутренние опасности, которые могут вызвать проектную аварию или стать ее следствием;
d) внутренние опасности, которые могут вызвать запроектные условия без значительной деградации топлива или стать их следствием;
e) внутренние опасности, которые могут стать следствием запроектных условий с расплавлением активной зоны.

3.28. Для внутренних опасностей, которые не вызывают и не являются следствием ожидаемого при эксплуатации события или аварии, должна быть выполнена оценка, показывающая, что станция может быть приведена в безопасное состояние и поддерживаться в этом состоянии даже в случае единичного отказа, включая случаи, когда оборудование недоступно по причине профилактического технического обслуживания, предусмотренного проектом. На практике обычно выполняется функциональный анализ для демонстрации доступности достаточного количества функций для достижения и поддержания безопасного состояния.

3.29. Для внутренних опасностей, которые могут вызвать ожидаемое при эксплуатации событие или стать его следствием, должна быть выполнена оценка, показывающая, что станция может быть приведена в безопасное состояние и поддерживаться в этом состоянии даже в случае единичного отказа, включая случаи, когда оборудование недоступно по причине профилактического технического обслуживания, предусмотренного проектом. Специального анализа переходных процессов обычно не требуется, поскольку он обеспечивается соответствующим анализом ожидаемых при эксплуатации событий. В таких случаях анализ внутренних опасностей ограничивается функциональным анализом, который должен показать, что проектом предусмотрено достаточное количество функций для контроля ожидаемых при эксплуатации событий, а также для достижения и поддержания безопасного состояния.

3.30. Для внутренних опасностей, которые являются следствием аварий без значительной деградации топлива, целью оценки должна быть демонстрация того, что данная опасность не влияет на граничные условия, в частности для систем, учитываемых при анализе аварии. Специального анализа аварии обычно не требуется, поскольку он обеспечивается соответствующим анализом аварий, в котором должны применяться, в зависимости от обстоятельств, правила для проектных аварий или правила для запроектных условий без значительной деградации топлива (см. публикацию Серии норм безопасности МАГАТЭ, № SSG-2 (Rev. 1), «Детерминистический анализ безопасности атомных электростанций» [5]). Как указывается в пункте 2.11, проектные аварии и запроектные условия, вызванные внутренними опасностями, должны предотвращаться, насколько это практически возможно. Если внутренняя опасность может повлечь за собой аварию без значительной деградации топлива, то целью оценки должна быть демонстрация того, что фундаментальные функции безопасности выполняются и что станция может быть приведена в безопасное состояние и поддерживаться в нем.

3.31. При проведении детерминистической оценки внутренней опасности, вызванной запроектными условиями с расплавлением активной зоны, необходимо с помощью соответствующих правил [5] продемонстрировать, что данная опасность не влияет на граничные условия, в частности для систем, учитываемых при анализе аварии. Следует показать, что КСЭ, необходимые для поддержания целостности защитной оболочки, не подвержены воздействию данной опасности. В частности, должна быть обеспечена целостность приборов, при помощи которых выполняются необходимые измерения.

## КОНКРЕТНЫЕ АСПЕКТЫ ПРОЕКТИРОВАНИЯ ДЛЯ ЗАЩИТЫ ОТ ВНУТРЕННИХ ОПАСНОСТЕЙ

3.32. На площадке с несколькими энергоблоками должны быть приняты меры к тому, чтобы внутренняя опасность в одном строящемся, эксплуатируемом или выводимом из эксплуатации энергоблоке не имела никаких последствий для безопасности соседнего работающего энергоблока или других установок на площадке (например, бассейна выдержки отработавшего топлива, установки для обращения с радиоактивными отходами). При необходимости для защиты работающих энергоблоков должны быть приняты меры по их временному разделению. Следует учесть возможность возникновения внутренних опасностей, связанных с установками, которые используются энергоблоками на совместной основе: см. SSR-2/1 (Rev. 1) [1], пункт 5.63.

3.33. Насколько это возможно, блочный пункт управления и дополнительный пункт управления должны быть надлежащим образом отделены от возможных источников внутренних опасностей. Средства, при помощи которых управление передается от блочного пункта управления к дополнительному, должны быть устойчивы к воздействию внутренних опасностей во избежание сбоев или ложного срабатывания[4].

3.34. Дополнительные руководящие указания по оценке и проверке конкретных внутренних опасностей приведены в разделе 4. Более

[4] Ложное срабатывание компонентов станции (однотипных или сочетаний компонентов разных типов) может привести к тому, что данная конкретная станция окажется в небезопасном эксплуатационном состоянии, которое, возможно, не будет полностью учтено в анализе безопасности станции.

подробная информация о подходе к сочетаниям опасностей представлена в приложении I.

# 4. РЕКОМЕНДАЦИИ В ОТНОШЕНИИ КОНКРЕТНЫХ ВНУТРЕННИХ ОПАСНОСТЕЙ

## ВНУТРЕННИЕ ПОЖАРЫ

### Общие положения

4.1. На атомных электростанциях можно встретить самые разнообразные горючие материалы, являющиеся частью сооружений, оборудования, жидкостей, кабелей или различных хранящихся там предметов. В любой зоне станции, где присутствуют горючие материалы, можно допустить возникновение пожара. Там, где ликвидировать эти материалы невозможно, проектом должны быть предусмотрены противопожарные меры в отношении всех постоянных и переходных (временных) пожарных нагрузок. Такие меры включают в себя минимизацию постоянных пожарных нагрузок, предотвращение их накопления и контроль или (предпочтительно) устранение источников зажигания.

4.2. Разработка противопожарных мер должна начинаться на ранних стадиях процесса проектирования. Все такие меры должны быть в полном объеме введены в действие до того, как на площадку будет доставлено ядерное топливо.

### Идентификация и характеризация опасных факторов пожара

4.3. Для демонстрации общей адекватности противопожарных мер должен быть проведен анализ пожарной опасности на площадке станции. В ходе этого анализа должны быть определены, в частности, необходимый предел огнестойкости противопожарных преград и необходимый потенциал для обнаружения и тушения пожаров (подробные рекомендации по анализу пожарной опасности см. в приложении II).

4.4. Анализ пожарной опасности должен быть проведен в соответствии с рекомендациями, приведенными в пункте 3.23.

**Предотвращение пожаров**

4.5. При проектировании должны быть приняты следующие меры, для того чтобы свести к минимуму вероятность возникновения внутренних пожаров:

a) устранение, минимизация и разнесение, насколько это практически возможно, постоянных и временных пожарных нагрузок;
b) устранение, насколько это практически возможно, потенциальных источников зажигания, в противном случае — строгий контроль всех таких источников;
c) отделение источников зажигания от источников топлива.

*Минимизация пожарных нагрузок*

4.6. В SSR-2/1 (Rev. 1) [1], пункт 6.54, указывается:

> «Везде, где это представляется практически возможным на станции, особенно в таких местах, как защитная оболочка и помещение щита управления, должны использоваться негорючие или огнеупорные и термостойкие материалы».

4.7. Для того чтобы максимально снизить пожарную нагрузку и тем самым минимизировать опасность пожара, при проектировании станции необходимо учитывать следующие аспекты:

a) использование, насколько это практически возможно, негорючих строительных материалов (например, конструкционных материалов, изоляции, облицовки, покрытий, напольных материалов) и станционных приспособлений;
b) использование, насколько это практически возможно, негорючих воздушных фильтров и рам для фильтров; в противном случае допускается использование трудногорючих материалов;
c) использование защищенной трубы или двойной трубы для маслопроводов и для сбора протекшего масла;
d) использование жидкостей с низкой воспламеняемостью для систем гидравлического управления паровыми турбинами и другим оборудованием;
e) выбор, насколько это практически возможно, сухих трансформаторов;
f) использование негорючих материалов в электрооборудовании, таком как выключатели и прерыватели тока, а также в шкафах с контрольно-измерительной аппаратурой и использование огнеупорных

и коррозионностойких кабелей или кабелей с подходящими характеристиками;

g) использование негорючих строительных лесов и материалов для помостов;

h) разнесение и дробление, насколько это практически возможно, пожарных нагрузок для снижения вероятности распространения пожара и прочих воздействий на другие КСЭ, важные для безопасности.

4.8. Следует принять меры предосторожности, чтобы не допустить впитывания теплоизоляционными материалами легковоспламеняющихся жидкостей (например, масла). Должны быть предусмотрены подходящие защитные покрытия или каплесборники.

4.9. Проектом должны быть предусмотрены меры, обеспечивающие надлежащее хранение временных горючих материалов, образующихся в процессе эксплуатации; они должны быть либо отделены от узлов, важных для безопасности, либо защищены иным способом.

4.10. Должны быть сведены к минимуму допустимые объемы хранения легковоспламеняющихся жидкостей и газов внутри станционных зданий. Места хранения всех легковоспламеняющихся или горючих материалов в больших емкостях должны располагаться в зонах или зданиях, в которых нет узлов, важных для безопасности.

4.11. Для хранения небольших количеств легковоспламеняющихся жидкостей или газов, необходимых для эксплуатации станции, должны быть предусмотрены подходящие шкафы с нормированным пределом огнестойкости.

4.12. Системы, содержащие легковоспламеняющиеся жидкости или газы, должны проектироваться таким образом, чтобы иметь высокую степень герметичности для предотвращения утечек. Они должны быть защищены от порчи (например, коррозии) и деструктивных воздействий (например, вибрации, воздействия опасных факторов) и поддерживаться в надлежащем состоянии. Для ограничения возможных утечек в случае аварии следует предусмотреть предохранительные устройства, такие как устройства ограничения расхода, ограничения избыточного расхода и/или автоматического отключения, а также устройства обвалования и/или дамбы.

*Минимизация источников зажигания*

4.13. При проектировании следует, насколько это практически возможно, минимизировать количество источников зажигания (например, можно использовать устойчивую конструкцию для системы электрозащиты).

4.14. Системы, содержащие горючие жидкости под давлением, такие как гидравлические жидкости и смазочные масла, должны быть оснащены, насколько это практически возможно, защитой от разбрызгивания. Оборудованию должен быть присвоен соответствующий класс с точки зрения опасностей, присутствующих в окружающей среде, чтобы оно не стало источником зажигания горючих газов и легковоспламеняющихся аэрозолей.

4.15. Необходимо контролировать потенциальные источники зажигания в станционных системах и оборудовании.

4.16. Насколько это практически возможно, системы и оборудование следует сделать безопасными на стадии проектирования, чтобы они не содержали в себе источников зажигания. Там, где это невозможно, такие системы и оборудование должны быть отделены от горючих материалов либо иным образом изолированы или защищены корпусами. Оборудование для дозирования легковоспламеняющихся жидкостей или газов должно быть надлежащим образом заземлено. Горячие трубопроводы, расположенные вблизи горючих материалов, которые нельзя перенести в другое место, должны быть экранированы и/или изолированы.

4.17. Кабели следует прокладывать в лотках или заранее установленных кабелепроводах либо размещать в других допустимых конструкциях из негорючих материалов; для этой цели часто используется сталь. Расстояния между силовыми кабелями или кабельными лотками должны быть достаточно большими, для того чтобы не допускать нагрева кабелей до неприемлемо высоких температур. Система защиты электрооборудования должна быть спроектирована таким образом, чтобы кабели не перегревались при нормальной нагрузке или в условиях временного короткого замыкания. Дополнительные рекомендации приведены в публикациях Серии норм безопасности МАГАТЭ, № SSG-39, «Проектирование систем контроля и управления для атомных электростанций» [6] и № SSG-34, «Design of Electrical Power Systems for Nuclear Power Plants» («Проектирование систем электроснабжения атомных электростанций») [7].

## Смягчение воздействия пожаров

*Своевременное обнаружение и тушение пожаров*

4.18. Требование 74 SSR-2/1 (Rev. 1) [1] гласит:

> **«На всех участках АЭС должны быть предусмотрены системы противопожарной защиты, включая системы пожарообнаружения и системы пожаротушения, барьеры для локализации пожара и дымозащитные системы, при этом должны быть надлежащим образом учтены результаты анализа пожароопасности».**

Эти системы и оборудование должны быть спроектированы таким образом, чтобы своевременно подавать сигнал тревоги в случае пожара и обеспечивать быстрое тушение пожаров с целью свести к минимуму негативное воздействие на узлы, важные для безопасности, и на станционный персонал, выполняющий действия, важные для безопасности.

4.19. Должны быть определены, адекватно спроектированы и аттестованы активные и пассивные средства противопожарной защиты, необходимые для защиты КСЭ, важных для безопасности, от пожара, ставшего результатом другого события (например, землетрясения), чтобы противостоять воздействию этого события.

4.20. Активные и пассивные средства противопожарной защиты, которые необязательно должны сохранять работоспособность после постулируемого исходного события, должны быть спроектированы и аттестованы таким образом, чтобы их отказ не повлек за собой негативных последствий для безопасности.

4.21. При проектировании систем и оборудования обнаружения и тушения пожаров должна учитываться необходимость минимизации ложных срабатываний сигнализации и выбросов огнетушащих веществ.

4.22. В SSR-2/1 (Rev. 1) [1], пункт 6.51, указывается:

> «В надлежащих случаях должна предусматриваться возможность автоматического срабатывания систем пожаротушения. Системы пожаротушения должны быть спроектированы и расположены с таким расчетом, чтобы их разрыв или ложное или случайное срабатывание

не оказывали существенного влияния на возможности узлов, важных для безопасности».

Кроме того, системы пожаротушения должны быть спроектированы и размещены таким образом, чтобы они не могли одновременно воздействовать на резервные секции групп безопасности и тем самым сделать неэффективными меры, принятые для выполнения критерия единичного отказа.

4.23. Системы обнаружения пожара, системы пожаротушения и вспомогательные системы, такие как системы вентиляции и дренажа, должны, насколько это практически возможно, быть независимыми от своих аналогов в других пожарных отсеках. Это делается для того, чтобы сохранить работоспособность таких систем в соседних пожарных отсеках.

4.24. Борьба с пожаром ведется при помощи стационарных систем и оборудования для подавления и тушения огня в сочетании со средствами ручного пожаротушения. Для обеспечения адекватного уровня защиты пожарных отсеков при проектировании станции должны учитываться следующие элементы:

a) если системы обнаружения или тушения пожара считаются активными элементами пожарного отсека, то меры по их проектированию, закупке, монтажу, проверке и периодическому испытанию должны быть достаточно строгими, для того чтобы обеспечивать их постоянную готовность. В этом случае характеристики этих систем должны проектироваться на основе применения критерия единичного отказа к защищаемой ими функции безопасности. О применении критерия единичного отказа говорится в пунктах 5.39 и 5.40 SSR-2/1 (Rev. 1) [1];
b) если системы обнаружения пожара или стационарные системы пожаротушения используются как средство защиты от потенциального пожара, вызванного другим событием (например, в результате внешних или внутренних опасностей), они должны быть спроектированы таким образом, чтобы противостоять воздействию этого события;
c) нормальное или ложное срабатывание систем пожаротушения не должно негативно влиять на выполнение функций безопасности.

4.25. Уровень надежности систем обнаружения и тушения пожара должен соответствовать их роли в обеспечении глубокоэшелонированной защиты, а также рекомендациям, содержащимся в SSG-39 [6]. Это также предполагает обеспечение того, чтобы источники водоснабжения (включая магистральный водопровод) и водоразборные устройства (пожарные гидранты) поддерживались в таком состоянии, чтобы удовлетворять потребность в любом количестве воды.

4.26. Каждый пожарный отсек должен быть оснащен подходящими, эффективными и надежными средствами обнаружения пожара и пожарной сигнализации.

4.27. В SSR-2/1 (Rev. 1) [1], пункт 6.52, указывается: «Системы пожарообнаружения должны быть спроектированы с таким расчетом, чтобы оперативно обеспечивать эксплуатационный персонал информацией о месте нахождения и распространении любых начавшихся пожаров». Эту информацию следует использовать при принятии мер по предотвращению негативного воздействия на КСЭ, важные для безопасности.

4.28. Если такие устройства, как пожарные насосы, системы распыления воды, вентиляционное оборудование и противопожарные клапаны, управляются системами обнаружения пожара и если их ложное срабатывание может поставить под угрозу выполнение функций безопасности, работа этих устройств должна контролироваться двумя разными средствами обнаружения, работающими последовательно. Конструкция должна давать возможность остановить работу системы, если срабатывание будет сочтено ложным.

4.29. Системы и оборудование для подавления и тушения пожара, включая средства ручного пожаротушения, должны быть достаточно мощными, чтобы предотвращать последующие пожары, вызванные повторным воспламенением (например, из-за горячих материалов).

*Предотвращение распространения пожаров*

4.30. Насколько это практически возможно, на ранней стадии проектирования станционные здания должны быть разделены на пожарные отсеки, или, если это невозможно, на пожарные секции.

4.31. Строительные конструкции (включая колонны и балки) должны иметь соответствующий предел огнестойкости. Предел огнестойкости (допустимая механическая нагрузка, а также допустимая тепловая нагрузка) конструктивных элементов, находящихся внутри пожарного отсека или образующих границы отсека, должен быть не меньше предела огнестойкости самого пожарного отсека.

4.32. Планировка станции должна быть такой, чтобы горючие материалы (твердые вещества, жидкости и газы), насколько это практически возможно, не располагались вблизи узлов, важных для безопасности. Цель проектирования должна заключаться в том, чтобы изолировать узлы, важные для безопасности, от высоких пожарных нагрузок и разнести резервные системы безопасности. Цель такого разнесения — снизить риск распространения пожара, минимизировать вторичные эффекты и предотвратить отказы по общей причине.

4.33. Разнесение резервных частей системы безопасности гарантирует, что пожар, охвативший одну секцию[5] системы безопасности, не помешает выполнению функции безопасности в другой секции. Это должно быть достигнуто путем размещения каждой резервной секции системы безопасности в ее собственном пожарном отсеке или по крайней мере в собственной пожарной секции. Количество проемов между пожарными отсеками разных резервных секций должно быть сведено к минимуму, а сами проемы должны быть надлежащим образом загерметизированы.

4.34. Для всех зон с узлами, важными для безопасности, и всех других мест, представляющих пожарную опасность для важных для безопасности узлов, должен быть проведен анализ воздействия постулируемых пожаров. При этом анализе следует сделать допущение о функциональном отказе всех важных для безопасности систем, находящихся в пожарном отсеке или пожарной секции, в которой постулируется пожар, если только они не защищены аттестованными противопожарными преградами или не заключены в кожухи, корпуса или оболочки, призванные (или способные) выдержать воздействие пожара. Исключения должны быть обоснованы.

### Уменьшение вторичных воздействий пожара

*Общие положения*

4.35. К опасным (прямым и косвенным) воздействиям пожара относится образование дыма (с последующей возможностью его распространения на другие зоны, не затронутые первоначальным пожаром); лучистый и конвективный тепловой поток; пламя, которое может привести к дальнейшему распространению пожара, повреждению оборудования,

---

[5] Система или набор компонентов могут быть разделены на резервные «секции», что позволяет обеспечить и поддерживать их физическую, электрическую и функциональную независимость от других резервных наборов компонентов [8].

отказам определенных функций и возможным взрывным эффектам; возникновение других побочных эффектов пожара; а также рост давления и снижение уровня кислорода. Необходимо также учитывать последствия, связанные с тушением пожара.

4.36. Основные задачи, связанные с уменьшением воздействий пожара, состоят в следующем:

a) локализация пламени, тепла и дыма на ограниченном участке станции, чтобы свести к минимуму распространение пожара и последующих эффектов на прилегающие зоны станции;
b) создание безопасных путей эвакуации и путей доступа для персонала;
c) обеспечение доступа для ручного пожаротушения, ручного приведения в действие стационарных систем пожаротушения и для того, чтобы станционный персонал мог управлять системами, необходимыми для перевода станции в режим безопасного останова и ее поддержания в этом режиме;
d) установка средств для отвода дыма и тепла во время или после пожара, если это необходимо;
e) контроль распространения огнетушащих веществ, чтобы не допустить повреждения узлов, важных для безопасности.

*Планировка зданий*

4.37. При решении задачи уменьшения воздействий пожара должна учитываться планировка зданий, оборудования, станционных систем вентиляции, стационарных средств обнаружения и тушения пожара.

4.38. Требование 36 SSR-2/1 (Rev. 1) [1] гласит:

> **«АЭС должна иметь достаточное число путей эвакуации с четкой и стойкой разметкой, снабженных надежными системами аварийного освещения, вентиляции и другими обслуживающими средствами, которые необходимы для безопасного использования этих путей эвакуации».**

Также должны быть предусмотрены адекватные пути доступа для подразделений пожарной охраны и станционного персонала, работающего на местах, и должна быть обеспечена их защита. Использование горючих материалов (например, осветительных приборов, красок, покрытий) на путях эвакуации и путях доступа должно быть ограничено, насколько это практически возможно. Планировка зданий должна быть такой, чтобы не допустить распространения огня и дыма из соседних пожарных отсеков или пожарных секций на пути эвакуации или пути доступа. Более подробная информация приведена в приложении II.

*Системы вентиляции*

4.39. Системы вентиляции не должны нарушать схему распределения здания на отсеки и затруднять доступ к резервным секциям систем безопасности. Эти условия должны быть учтены в анализе пожарной опасности.

4.40. Каждый пожарный отсек, содержащий резервную секцию системы безопасности, должен иметь систему вентиляции, рассчитанную на то, чтобы пожар в одном пожарном отсеке не привел к распространению пожарных воздействий, ведущих к потере вентиляции другого пожарного отсека. Части вентиляционной системы (например, соединительные воздуховоды, вентиляционные камеры), расположенные в соседнем пожарном отсеке, должны иметь тот же предел огнестойкости, что и сам отсек, или, в качестве альтернативы, проем, ведущий в пожарный отсек, должен быть изолирован противопожарными клапанами с нормированным пределом огнестойкости. Когда это необходимо, они должны работать автоматически.

4.41. Если система вентиляции обслуживает более одного пожарного отсека, необходимо предусмотреть возможность сохранения разделения между отсеками. Необходимо принять меры по предотвращению распространения огня, тепла и дыма в другие пожарные отсеки путем установки противопожарных клапанов на границах каждого пожарного отсека или установки огнестойких воздуховодов, в зависимости от обстоятельств.

4.42. Высокую пожарную нагрузку несут в себе блоки угольных фильтров. Их следует принимать во внимание при выработке рекомендаций по противопожарной защите. Возгорание в блоке фильтров может привести к радиоактивному выбросу: следовательно, для защиты блоков угольных фильтров от пожара должны быть предусмотрены пассивные и активные средства защиты. К таким мерам может относиться следующее.

a) установка фильтра в пожарном отсеке;
b) контроль температуры воздуха и автоматическая изоляция воздушного потока;

c) обеспечение автоматической защиты с помощью водяного разбрызгивателя для охлаждения внешней поверхности корпуса фильтра;
d) установка подходящей системы пожаротушения внутри корпуса фильтра. При разработке для этой цели системы пожаротушения на водяной основе следует учитывать расход воды. Если он слишком мал, то в результате реакции между горящим при высокой температуре древесным углем и водой может образоваться водород, который может создать дополнительную опасность пожара или взрыва. Чтобы предотвратить этот риск, следует обеспечить высокий напор воды. Воду, закачиваемую в корпус фильтра, следует сливать или рассматривать ее как дополнительный вес в конструкции фильтра.

4.43. Если в вентиляционных системах или фильтрационных блоках требуется использовать горючие фильтры и если неисправность или отказ этих фильтров в дальнейшем могут привести к недопустимым радиоактивным выбросам, то необходимо принять следующие меры предосторожности:

a) блоки фильтров должны быть отделены от другого оборудования соответствующими противопожарными преградами;
b) для защиты фильтров от воздействия огня следует использовать соответствующие средства (например, клапаны, расположенные выше и ниже по направлению потока);
c) должны быть соответствующим образом установлены пожарные извещатели, датчики угарного газа и/или датчики температуры, информирующие персонал станции о возгорании в блоке фильтров.

4.44. Воздухозаборные отверстия для подачи свежего воздуха в пожарные отсеки должны располагаться на определенном расстоянии от выпускных воздуховодов и дымовых отверстий других пожарных отсеков — таком, какое необходимо для предотвращения попадания в отсек дыма или продуктов горения и нарушения работы узлов, важных для безопасности.

*Пожары и потенциальные радиоактивные выбросы*

4.45. При анализе пожарной опасности должно быть установлено, какое оборудование может стать источником выброса радиоактивных веществ в случае пожара. Это оборудование должно быть размещено в отдельных пожарных отсеках с минимальными расчетными пожарными нагрузками — как постоянными, так и временными.

4.46. Проектом должен быть предусмотрен отвод тепла и дыма из пожарных отсеков, содержащих радиоактивные материалы. Хотя вентилирование может привести к выбросу радиоактивных веществ во внешнюю среду, оно может предотвратить — напрямую или за счет улучшения условий для пожаротушения — последующий выброс более крупных объемов радиоактивных веществ. Можно выделить два случая:

a) может быть доказано, что возможный выброс будет значительно ниже нормативных пределов;
b) объем радиоактивного материала в пожарном отсеке таков, что этот материал может стать источником радиоактивного выброса, превышающего нормативные пределы. В этом случае следует предусмотреть возможность изолирования вентиляции или закрытия противопожарных клапанов.

В обоих случаях необходимо контролировать качество отводимого воздуха для принятия оперативных решений.

4.47. Проектом должны быть предусмотрены меры для того, чтобы удерживать объем выбрасываемого радиоактивного материала на разумно достижимом низком уровне: см. SSR-2/1 (Rev. 1) [1], требование 34. Проектом должен быть предусмотрен контроль состояния фильтров (см. SSR-2/1 (Rev. 1) [1], пункт 6.63), чтобы помочь персоналу станции в принятии оперативных решений.

*Планировка электрооборудования и соответствующие системы*

4.48. Кабели резервных систем безопасности должны прокладываться по отдельным специально защищенным трассам, желательно в отдельных пожарных отсеках, насколько это практически возможно, и кабели резервных секций систем безопасности не должны пересекаться между собой. Как указывается в пункте II.17, в некоторых местах может потребоваться сделать исключения из этого правила, например на пунктах управления и в гермозоне реактора. В таких случаях кабели должны быть защищены при помощи аттестованных преград или оболочек с нормированным пределом огнестойкости (например, аттестованных кабельных обмоток). Можно использовать системы пожаротушения или другие подходящие средства, обосновав это в анализе пожарной опасности.

4.49. Следует проанализировать все возможные отказы, вызванные пожаром, которые могут повлиять на резервные системы, выполняющие функции безопасности (например, путем анализа электрических цепей, в том числе множественных ложных срабатываний). Электрические цепи следует перенаправить или защитить аттестованными преградами с нормированным пределом огнестойкости в сочетании с системами пожаротушения, сделав соответствующее обоснование в анализе пожарной опасности.

*Особые места*

4.50. На блочном пункте управления атомной электростанции обычно устанавливается оборудование для управления различными системами безопасности, расположенными в непосредственной близости друг от друга. Следует уделить особое внимание тому, чтобы, насколько это практически возможно, в шкафах с электрооборудованием, самой конструкции помещения, любой стационарной мебели, а также в отделке пола и стен использовались негорючие материалы. Резервное оборудование, используемое для выполнения одной и той же функции безопасности, должно размещаться в отдельных электрических шкафах. Для обеспечения необходимого разделения следует, насколько это возможно, использовать противопожарные преграды. Необходимо приложить все усилия к тому, чтобы свести к минимуму пожарную нагрузку на пунктах управления.

4.51. Для обеспечения обитаемости блочный пункт управления и дополнительный пункт управления должны быть защищены от проникновения дыма и продуктов горения, а также от других прямых и косвенных воздействий пожара и работы систем пожаротушения.

4.52. Противопожарная защита дополнительного пункта управления должна быть схожей с защитой блочного пункта управления. Следует уделить особое внимание защите от затопления и других последствий работы систем пожаротушения. Дополнительный пункт управления должен располагаться в пожарном отсеке, отдельном от отсека, где находится блочный пункт управления. Система вентиляции дополнительного пункта управления не должна быть общей с системой вентиляции блочного пункта управления. Разделение блочного и дополнительного пунктов управления должно соответствовать целям проектирования, указанным в пункте 2.12 (e).

4.53. Гермозона реактора — это пожарный отсек, в котором узлы оборудования резервных секций систем безопасности могут располагаться близко друг к другу. Резервные секции систем безопасности должны располагаться на максимальном удалении друг от друга и должны быть защищены, где это возможно, пассивными мерами защиты, такими как частичные противопожарные кожухи и системы противопожарной защиты кабелей.

4.54. Двигатели главного циркуляционного насоса реактора, содержащие большое количество легковоспламеняющегося смазочного масла, должны быть оснащены системами обнаружения пожара, стационарными системами пожаротушения (обычно с ручным управлением) и системами сбора масла (например, поддонами). Системы сбора масла должны быть способны собирать масло и воду из всех потенциальных мест протечки или слива и отводить их в вентилируемый контейнер или другое безопасное место.

4.55. Меры, аналогичные описанным в пункте 4.54, должны быть приняты, в зависимости от обстоятельств, для маслонаполненных трансформаторов.

4.56. Узлы, важные для безопасности, могут находиться в машинном зале. Разделение некоторых зон на пожарные отсеки может быть затруднительным, а в системах смазки, охлаждения и гидравлического управления паровых(ой) турбин(ы), а также в водородной атмосфере внутри генератора(ов) присутствуют значительные пожарные нагрузки, например большие объемы легковоспламеняющихся материалов. Следовательно, в дополнение к системам пожаротушения для всего оборудования, содержащего легковоспламеняющиеся жидкости, должны быть предусмотрены соответствующие системы сбора масла (например, поддоны). Использование легковоспламеняющихся смазочных жидкостей на углеводородной основе должно быть сведено к минимуму. Если требуется использовать легковоспламеняющиеся жидкости, то это должны быть жидкости с высокой температурой вспышки, соответствующей эксплуатационным требованиям.

4.57. Средства безопасности для запроектных условий, которые необходимы для длительного функционирования в таких условиях, должны быть защищены от воздействия пожара.

4.58. Оборудование систем, используемых для длительного отвода тепла из гермозоны во время тяжелых аварий, должно отвечать принципам резервирования или неодинаковости и располагаться в разных пожарных отсеках.

4.59. Вентиляционное оборудование, необходимое в долгосрочной перспективе во время тяжелых аварий для локализации радиоактивного материала, должно отвечать принципам резервирования и располагаться в разных пожарных отсеках. Должна иметься возможность изолирования элементов системы, содержащих угольные фильтры, и они должны быть оснащены соответствующими средствами противопожарной защиты (см. пункт 4.42).

## ВНУТРЕННИЕ ВЗРЫВЫ

### Общие положения

4.60. Взрывоопасность, насколько это практически возможно, должна быть исключена на стадии проектирования. В проекте следует уделить первоочередное внимание мерам, которые предотвращают или ограничивают образование взрывоопасных смесей.

### Идентификация и характеризация взрывоопасности

4.61. Необходимо определить уровень взрывоопасности в зданиях и отсеках с узлами, важными для безопасности, а также в других местах, представляющих значительную взрывоопасность для этих зон. Следует принимать в расчет химические взрывы (как правило, взрывы газовых смесей), взрывы в результате расширения паров кипящей жидкости под воздействием пожара, взрывы аэрозолей масляного тумана, взрывы при разрушении корпусов высокого давления и высокоэнергетические дуговые замыкания[6], сопровождающиеся быстрым расширением воздуха и образованием плазмы.

4.62. При идентификации взрывоопасности должны быть учтены последствия взрывов (например, разрыв труб, проводящих горючие газы).

---

[6] Высокоэнергетические дуговые замыкания — это энергетические или взрывные повреждения электрооборудования, характеризующиеся быстрым выделением энергии в виде тепла, света, испаренного металла и скачка давления вследствие возникновения высокоамперной дуги между электрическими проводниками под напряжением или между электрическими компонентами под напряжением и нейтралью или землей. Такие повреждения могут также привести к выбросу летящих предметов из электрического компонента или шкафа и возникновению пожара.

**Предотвращение опасностей взрыва**

4.63. Легковоспламеняющиеся газы и жидкости, а также горючие материалы, которые могут образовывать взрывоопасные смеси или способствовать их образованию, должны быть исключены из отсеков (т.е. закрытых зон, разделенных преградами), которые защищают узлы, важные для безопасности, от других внутренних опасностей. Такие легковоспламеняющиеся газы и жидкости и горючие материалы должны быть также исключены из зон, примыкающих к таким отсекам, и зон, соединенных с этими отсеками системами вентиляции. Там, где это невозможно, объемы таких материалов должны быть строго ограничены и должны быть оборудованы соответствующие складские помещения. Реактивные вещества, окислители и горючие материалы должны находиться в разных местах.

4.64. Емкости, содержащие сжатые легковоспламеняющиеся газы, должны надежно храниться в специальных сооружениях, которые расположены на удалении от основных станционных зданий и в которых обеспечена надлежащая защита от условий местной окружающей среды и опасных факторов.

4.65. Чтобы предотвратить воздействие взрыва, вызванного пожаром, на узлы, важные для безопасности, следует рассмотреть возможность установки автоматических систем обнаружения выброса легковоспламеняющихся газов, изоляции источника газа, по возможности, и тушения пожара.

4.66. Емкости с водородом и их распределительные коллекторы должны располагаться вне зданий в хорошо проветриваемых местах, отделенных от станционных зон с узлами, важными для безопасности. Если такое оборудование должно быть размещено внутри здания, то оно должно быть установлено на удалении от зон с узлами, важными для безопасности. Внутренние хранилища должны быть оснащены системой вентиляции, рассчитанной на то, чтобы в случае утечки газа поддерживать концентрацию водорода на безопасном уровне ниже нижнего предела воспламеняемости. Необходимо предусмотреть оборудование для обнаружения водорода, которое должно подавать сигнал тревоги при достаточно низкой концентрации газа.

4.67. Если турбогенераторы охлаждаются с помощью водорода, необходимо предусмотреть контрольное оборудование, показывающее давление и чистоту водорода в системе охлаждения. Следует предусмотреть возможность продувки наполненных водородом компонентов и смежных систем труб и каналов инертным газом, например диоксидом углерода или азотом, перед их наполнением или при опорожнении.

4.68. Каждая аккумуляторная, содержащая аккумуляторные батареи, которые могут выделять водород во время работы, должна быть оснащена надлежащей системой вентиляции, чтобы поддерживать концентрацию водорода на безопасном уровне ниже нижнего предела воспламеняемости. Планировка помещения и конструкция системы вентиляции должны быть такими, чтобы не допускать локального накопления водорода — с работающей системой вентиляции или без нее.

4.69. Каждая аккумуляторная должна быть оснащена системой обнаружения водорода и датчиками системы вентиляции, расположенными таким образом, чтобы подавать на блочный пункт управления сигналы тревоги, указывающие на приближение концентрации водорода к нижнему пределу воспламеняемости и на любые сбои в работе системы вентиляции. Если на вентиляционных системах, обслуживающих аккумуляторные, установлены противопожарные клапаны, следует понимать, как их закрытие повлияет на накопление водорода. В случае тревоги следует предпринять такие действия, как прекращение зарядки аккумуляторов.

4.70. Следует рассмотреть возможность использования рекомбинантных аккумуляторов (которые вырабатывают меньше водорода), но не стоит полагать, что это устранит риск образования водорода.

4.71. Риск взрывов под воздействием пожара, таких как взрывы в результате расширения паров кипящей жидкости, должен быть сведен к минимуму путем разделения потенциальных пожаров и потенциально взрывоопасных жидкостей и газов либо при помощи активных мер, таких как установка подходящих стационарных систем пожаротушения, предназначенных для охлаждения и рассеивания паров.

4.72. В зависимости от обстоятельств меры, описанные в пунктах 4.66, 4.67 и 4.77, должны применяться к хранению в больших емкостях и использованию всех прочих легковоспламеняющихся газов. Сюда следует отнести баллоны с легковоспламеняющимися газами, используемыми при техническом обслуживании и ремонте.

**Уменьшение воздействий взрывов**

4.73. Для минимизации рисков должны использоваться средства, которые могут выдержать или ограничить воздействие взрыва (например, надлежащие конструктивные или эксплуатационные средства): примерами могут служить ограничение объемов взрывоопасных газовых смесей, инертизация, вентиляция при взрыве (например, разрушаемые панели или другие устройства для сброса давления) и отделение источников взрыва от узлов, важных для безопасности. Оборудование, которое должно сохранить работоспособность после постулируемого исходного события, должно быть идентифицировано и надлежащим образом спроектировано, для того чтобы выдержать воздействие этого события или быть защищенным от таких событий.

4.74. Следует принять в расчет ударную волну взрыва и летящие предметы, возникающие при взрывах в результате расширения паров кипящей жидкости, а также возможность возгорания легковоспламеняющихся газов в местах, удаленных от точки выброса, что может привести к взрыву газового облака. Возможность взрыва расширяющихся паров кипящей жидкости следует минимизировать, избегая, насколько это практически возможно, работы при температуре выше предельной температуры перегрева.

4.75. Некоторые опасности (например, высокоэнергетические дуговые замыкания), формально не являясь взрывами, схожи с взрывами с точки зрения нагрузок, которые они создают (например, температуры, давления, летящих предметов) для находящихся поблизости КСЭ; таким образом, для уменьшения воздействия таких опасностей в проекте целесообразно предусмотреть аналогичные средства.

4.76. Проектом должны быть предусмотрены средства, ограничивающие воздействие взрыва (ударную волну, возникновение летящих предметов или пожар). Последующие эффекты от постулируемых взрывов для узлов, важных для безопасности, должны быть оценены с учетом целей проектирования, указанных в пункте 2.12. Следует также оценить пути доступа и пути эвакуации эксплуатационного персонала, выполняющего ручные действия, важные для безопасности, и при необходимости предусмотреть специальные средства в проекте.

4.77. Везде, где существует потенциальная опасность, связанная с использованием водорода при эксплуатации станции, необходимо предусмотреть меры по контролю этой опасности при помощи водородных мониторов, рекомбинаторов, надлежащей вентиляции и систем контролируемого сжигания водорода (все они должны быть рассчитаны на работу во взрывоопасной атмосфере) или других соответствующих средств. Если применяется метод инертизации, то следует принимать в расчет пожарную опасность в периоды работы без защиты инертным газом (например, при техническом обслуживании и заправке), а также следить за тем, чтобы газовые смеси оставались в пределах невоспламеняемости.

## ВНУТРЕННИЕ ЛЕТЯЩИЕ ПРЕДМЕТЫ

4.78. На атомных электростанциях имеются компоненты, находящиеся под давлением, и вращающиеся механизмы, которые могут выйти из строя и привести к возникновению летящих предметов. Летящий предмет — это объект, обладающий кинетической энергией и покинувший место, предусмотренное конструкцией. В настоящем Руководстве по безопасности термин «внутренний летящий предмет» используется для обозначения движущегося объекта, возникшего в пределах площадки.

### Идентификация и характеризация опасностей, связанных с летящими предметами

4.79. Необходимо определить источники возможных летящих предметов и оценить вероятность возникновения, возможную кинетическую энергию, размер и траекторию летящих предметов. Необходимо оценить возможные мишени и воздействие летящих предметов на узлы, важные для безопасности.

4.80. Анализ опасностей, связанных с летящими предметами, обычно выполняется детерминистическими методами в сочетании с вероятностными. Некоторые летящие предметы постулируются на детерминистической основе, и оценивается также их воздействие на КСЭ с точки зрения ударов и повреждений. Формальное описание детерминистических аспектов оценки безопасности должно быть подготовлено даже в тех случаях, когда все аспекты опасности, связанной с летящими предметами, — инициирование, удар и повреждение — оцениваются вероятностным методом.

4.81. Следует также оценить возможность возникновения вторичных летящих предметов, которые могут повредить КСЭ, важные для безопасности. Эта оценка должна включать рассмотрение потенциального эффекта рикошета осколков, если он считается вероятным на основании экспертного заключения (например, при изучении прочности мишеней, находящихся в непосредственной близости, остаточная энергия летящего предмета после удара может быть признана достаточной для причинения повреждений рикошетом).

*Повреждение корпусов высокого давления*

4.82. На атомных электростанциях корпуса высокого давления, важные для безопасности, проектируются и сооружаются на основе комплексных и тщательно продуманных методов, гарантирующих их безопасную эксплуатацию. Выполняется анализ, показывающий, что уровни нагрузок приемлемы при всех предусмотренных проектом условиях. Все этапы проектирования, строительства, монтажа и испытаний должны контролироваться по утвержденным регламентам с целью удостовериться в том, что все работы выполняются в соответствии с проектными спецификациями и что конечное качество корпуса приемлемо. Для определения того, остаются ли корпуса в расчетных пределах, должна использоваться программа надзора при пуско-наладочных работах и эксплуатации, а также надежная система защиты от избыточного давления. Таким образом, серьезное повреждение корпусов высокого давления на атомных электростанциях, таких как корпус реактора или другие высококачественные корпуса, спроектированные с большим запасом прочности, считается настолько маловероятным, что рассматривать разрыв этих корпусов как внутреннюю опасность нет необходимости: см. публикацию Серии норм безопасности МАГАТЭ, № SSG-56, «Design of the Reactor Coolant System and Associated Systems for Nuclear Power Plants» («Проектирование системы теплоносителя реактора и смежных систем атомных электростанций») [9]. Следует оценить повреждения других корпусов, содержащих высоконапорные жидкости, поскольку в случае их разрыва они могут стать источниками летящих предметов и других связанных с этим опасностей.

4.83. Насколько это практически возможно, корпуса высокого давления должны проектироваться таким образом, чтобы их разрушение было вязким, или таким образом, чтобы снизить опасность возникновения летящих предметов и осколков. Если разрушение корпусов высокого давления может быть хрупким, то следует постулировать и проанализировать определенный диапазон размеров и форм летящих предметов, чтобы охватить весь круг возможных вариантов, для идентификации летящих предметов, определяющих проектные основы защитных систем или сооружений. В качестве альтернативы допустим упрощенный консервативный подход к определению летящих предметов, которые должны быть приняты в расчет.

*Отказы клапанов*

4.84. В качестве потенциальных источников летящих предметов следует оценить клапаны в жидкостных системах, которые работают в высоконапорном режиме.

4.85. Корпуса клапанов обычно проектируются, конструируются и обслуживаются таким образом, чтобы они были значительно прочнее, чем подсоединенный к ним трубопровод. По этой причине принято считать, что возникновение летящих предметов в результате отказа самого корпуса клапана настолько маловероятно, что этот фактор не нужно учитывать при проектировании и/или оценке станции.

4.86. Съемные части клапана (например, стержень, крышка, двигатель) несут в себе наиболее значительный риск отказов, приводящих к возникновению летящих предметов, и это следует принимать в расчет.

*Выброс управляющего стержня*

4.87. Для конструкций реакторов, в корпусе которых имеется высоконапорная жидкость, принято постулировать выброс управляющего стержня под действием движущей силы жидкости. В зависимости от конкретной конструкции реактора этот постулируемый летящий предмет может быть способен причинить значительный первичный или вторичный ущерб. Типичные опасения включают возможное повреждение соседних управляющих стержней, систем безопасности и конструкций защитной оболочки.

*Отказ высокоскоростного вращающегося оборудования*

4.88. Отказ главного турбогенератора, паровых турбин, больших насосов (таких как главный циркуляционный насос) и их двигателей или маховиков может привести к возникновению летящих предметов. Такие отказы могут стать результатом дефектов вращающихся частей либо перегрузок из-за повышенной частоты вращения. К типичным летящим предметам относятся:

- — лопасти вентилятора;
- — фрагменты дисков или лопаток турбины;

— крыльчатки насосов;
— маховики;
— соединительные болты.

4.89. Вращающиеся механизмы обычно имеют конструкцию, внутри которой размещены вращающиеся части, и необходимо учитывать потерю энергии, происходящую после отказа из-за энергопоглощающих свойств вмещающей конструкции или корпуса. Насколько это практически возможно, расчет потерь энергии должен основываться на эмпирических данных, полученных в результате испытания аналогичных конструкций. Опираясь на опыт эксплуатации и обоснования производителя, для простоты можно сделать допущение о перехвате отделившихся вращающихся частей корпусом. В качестве альтернативы можно использовать консервативный подход, при котором допускается, что при взаимодействии летящего предмета с корпусом вращающегося механизма энергия не теряется.

4.90. Летящие предметы, возникающие при отказе вращающихся механизмов, должны быть охарактеризованы исходя из их потенциальной способности причинить ущерб и должны быть включены в оценку возможных первичных и вторичных эффектов. Установив, какие летящие предметы требуют изучения, следует охарактеризовать потенциальное направление их движения с точки зрения потенциальных мишеней, приняв во внимание следующие моменты:

a) максимальная дальность полета летящих предметов будет ограничена доступной энергией и массой;
b) изучение направлений, в которых могут быть выброшены летящие предметы, должно помочь в локализации потенциальных мишеней, чтобы избежать ударов, особенно если летящие предметы вытянуты в одном направлении (например, стержни клапанов);
c) в других случаях может существовать вероятная плоскость или угловой сектор выброса летящих предметов, как это имеет место в случае вращающихся механизмов. Имеющийся опыт с отказами вращающихся механизмов показывает, что высокоскоростные летящие предметы обычно выбрасываются в пределах очень малого угла от плоскости вращения, если только они не отклоняются каким-либо барьером или не останавливаются корпусом. Однако есть также свидетельства того, что небольшое количество летящих предметов может упасть под более широким углом от плоскости вращения. В этой связи может потребоваться анализ чувствительности в отношении

направления внутренних летящих предметов и влияния этого на планировку станции.

**Предотвращение опасностей, связанных с летящими предметами**

*Предотвращение повреждения корпусов высокого давления*

4.91. К мерам по предотвращению повреждения корпусов высокого давления относятся общие меры первого эшелона глубокоэшелонированной защиты, в том числе консервативный выбор конструкции и материалов, высокое качество строительства и надзор как при строительстве, так и при эксплуатации. Что касается избыточного давления, то конкретные меры, относящиеся к корпусам высокого давления, включают надежную систему защиты (например, предохранительные клапаны, а также проектирование анкеров или опор для корпусов).

*Предотвращение отказов клапанов или болтовых соединений*

4.92. Конструкция клапанов должна исключать возможность превращения съемных частей в летящие предметы в случае их отказа.

4.93. При проектировании должно соблюдаться следующее правило: повреждение одного болта не должно приводить к возникновению иного летящего предмета, помимо самого болта. Эта рекомендация относится к клапанам, корпусам высокого давления и другим собранным на болтах компонентам с высоконапорным содержимым.

4.94. Следует учесть возможность множественного повреждения болтов вследствие обычной коррозии или коррозии под напряжением в случае протечки жидкого содержимого через уплотненные соединения.

4.95. Если это не противопоказано по другим соображениям, съемные детали клапана должны быть установлены таким образом, чтобы их выброс не привел к попаданию летящего предмета в мишени.

*Предотвращение выброса управляющего стержня*

4.96. Вероятность выброса управляющего стержня необходимо снизить, предусмотрев в проекте специальные средства. Это должно быть подтверждено тщательно продуманной конструкторской программой, показывающей, что эти средства способны удержать управляющий стержень и узел привода в случае выхода из строя корпуса, в котором перемещается управляющий стержень.

*Предотвращение выхода из строя вращающихся механизмов*

4.97. Правильная ориентация вращающихся механизмов должна рассматриваться в качестве профилактической меры для крупных узлов, таких как главный турбогенератор, как с точки зрения ориентации главного вала, так и с точки зрения общей планировки станции. Расположение главного турбогенератора должно быть таким, чтобы потенциальные мишени находились в зоне, наименее подверженной прямым ударам летящих предметов, возникающих при отказе турбины; т.е. в пределах конуса, ось которого совпадает с осью вала турбины. При таком расположении учитывается тот факт, что большие секции роторов в случае выброса будут иметь тенденцию лететь в направлении, перпендикулярном вращающемуся валу. Обычно используется конус выброса в 25° по обе стороны от перпендикуляра к оси, поскольку есть данные, что большинство летящих предметов выбрасывается в пределах этого конуса; любое такое утверждение, однако, должно быть обосновано проектировщиком. Описанная схема не исключает возможности попадания таких летящих предметов в мишень, но значительно снижает вероятность прямого удара.

4.98. Для предотвращения отказа вращающихся механизмов должен применяться следующий подход:

a) тщательный выбор материалов, средств регулирования скорости и предельных нагрузок для всех состояний станции, учитываемых в проектных основах;
b) неразрушающие исследования и другие испытания для выявления возможных дефектов, а также меры контроля качества с целью убедиться, что установленное оборудование соответствует всем спецификациям;
c) оценка надежности средств предотвращения повышенной частоты вращения с деструктивными последствиями. Это должно включать использование оборудования для обнаружения и предотвращения повышенной частоты вращения, соответствующего оборудования электропитания, контрольно-измерительных приборов, а также регламентов, связанных с периодической калибровкой и проверкой готовности этого оборудования.

4.99. Дополнительные резервные средства ограничения частоты вращения должны обеспечиваться такими элементами, как регуляторы числа оборотов, муфты и тормоза, а также комбинацией систем контроля и управления и клапанов, чтобы вероятность повышенной частоты вращения была допустимо низкой.

4.100. Хотя существуют инженерные решения для ограничения частоты вращения и недопущения образования летящих предметов из-за повышенной частоты вращения, эти меры сами по себе не могут сделать вероятность возникновения летящих предметов во вращающихся механизмах допустимо низкой. Помимо отказа, вызванного повышенной частотой вращения, существует также возможность дефекта в роторе, приводящего к возникновению летящих предметов при нормальной скорости вращения или ниже ее. Проблему возникновения таких летящих предметов следует решать другими способами, такими как консервативное проектирование, высокое качество изготовления, бережная эксплуатация, надлежащий контроль параметров (например, вибрации) и полное инспектирование в процессе эксплуатации. Вращающиеся механизмы станции должны обслуживаться и заменяться в соответствии с инструкциями производителей. При правильном использовании всех этих средств можно значительно снизить вероятность возникновения летящих предметов в результате отказа вращающихся механизмов.

**Уменьшение воздействий опасностей, связанных с летящими предметами**

4.101. В проекте должны быть предусмотрены средства, которые могут задерживать высокоскоростные летящие предметы, возникающие в результате отказа оборудования, или отклонять такие летящие предметы в безвредном направлении.

4.102. Для контроля летящих предметов вблизи их потенциального источника клапаны, насосы, электродвигатели-генераторы и газовые контейнеры высокого давления должны располагаться в зонах с барьерами, например из достаточно прочного бетона. Мишени также могут быть защищены барьерами. Барьеры также используются для уменьшения некоторых вторичных эффектов, таких как образование сколов или выброс бетонных блоков из бетонных мишеней.

4.103. Обычно барьеры для задержания летящих предметов сооружаются из железобетонных плит или стальных пластин. Однако могут использоваться и другие средства, например плетеные стальные маты или отражатели летящих предметов.

4.104. При проектировании барьеров следует учитывать как локальное, так и общее воздействие летящих предметов на барьеры, о котором говорится ниже.

a) Бетонные и железобетонные барьеры:
   i) конструкция бетонных барьеров должна гарантировать, что барьеры не разрушатся от удара летящего предмета. Поэтому толщина и прочность барьеров должны быть определены консервативно, с учетом возможной массы, кинетической энергии, места удара и типа летящего предмета (твердый летящий предмет, мягкий летящий предмет);
   ii) допускается упруго-пластичное, вязкое поведение барьера;
   iii) конструкция барьеров должна гарантировать, что твердые летящие предметы не пробьют барьер;
   iv) должен быть проведен анализ с целью убедиться, что летящие предметы не приведут к образованию сколов или трещин на безопасной стороне барьера и что осколки бетона не повредят КСЭ, важные для безопасности;
   v) возникновения вторичных летящих предметов из осколков бетонного барьера следует избегать, используя многослойные или композитные барьеры;
   vi) анализ глубины пробивания и процессов образования сколов и трещин может быть выполнен при помощи эмпирических формул или, при необходимости, других аналитических моделей.
b) Стальные и многослойные композитные барьеры:
   i) конструкция этих барьеров должна основываться на эмпирических формулах, используемых для расчета пробивания, или, при необходимости, других аналитических моделях;
   ii) общая деформация стальных или композитных барьеров не должна приводить к потере функции барьера, а деформированный барьер не должен повредить защищаемые КСЭ.
c) Вибрационный эффект:
   i) вибрационный отклик барьера на удар летящего предмета следует рассматривать как вторичный эффект, который может оказать негативное воздействие на защищаемые КСЭ.

*Отсутствие защиты специальными барьерами для задержания летящих предметов*

4.105. В некоторых случаях устанавливать специальные барьеры для задержания летящих предметов не будет необходимости. Например, летящие предметы могут иметь относительно небольшую массу и энергию, а мишени могут быть достаточно прочными, чтобы выдержать удар даже без дополнительной защиты. Воздействие летящих предметов на станцию может сдерживаться границами существующих зданий. Необходимо провести детальный анализ потенциального удара по мишени, показывающий, что этот удар и его возможные вторичные эффекты не затронут КСЭ, важные для безопасности. Физическое разделение резервных систем безопасности также обеспечит дальнейшее выполнение функций безопасности даже в том случае, если летящие предметы повредят компоненты одной или нескольких резервных систем безопасности.

*Уменьшение воздействия летящих предметов, возникших вследствие разрыва корпусов высокого давления*

4.106. Типы повреждений корпуса высокого давления будут зависеть от ряда параметров, включая конструкцию, использованные материалы, виды сварных швов, контроль качества при изготовлении и условия эксплуатации. Крайне маловероятно, чтобы корпус в целом мог превратиться в летящий предмет, особенно если он хорошо закреплен. В случае с некоторыми корпусами причиной возникновения самого крупного летящего предмета может стать повреждение концевой крышки. В зависимости от корпуса и условий эксплуатации возможно и разрушение на более мелкие фрагменты. Для разработки мер защиты от летящих предметов при оценке безопасности следует уделить внимание характеризации потенциальных летящих предметов с конкретного корпуса и воздействию этих летящих предметов на станцию и находящиеся вблизи корпуса сооружения.

4.107. В некоторых случаях для защиты от летящих предметов может быть полезна установка безнапорной защитной трубы вокруг некоторых участков трубопроводов, содержащих жидкости под высоким давлением. Предусматриваются два типа защиты: защита окружающих сооружений и оборудования от биения труб и возможных вторичных летящих предметов и защита внутренней трубы от летящих предметов, возникающих в окружающем пространстве. Следует учесть возможность выброса жидкости из поврежденной трубы и, как результат, внутреннего затопления.

*Уменьшение воздействия летящих предметов, возникших вследствие разрыва клапанов*

4.108. Проектом должны быть предусмотрены средства, которые смогут задерживать высокоскоростные летящие предметы, возникающие в результате разрыва клапанов, или отклонять такие предметы в безвредном направлении. Это могут быть стены или локальные барьеры для задержания летящих предметов.

*Уменьшение воздействия летящих предметов, возникших вследствие отказа вращающихся механизмов*

4.109. Проектом должны быть предусмотрены средства, которые смогут задерживать высокоскоростные летящие предметы, возникающие в результате отказа вращающихся механизмов, или отклонять такие предметы в безвредном направлении.

## РАЗРЫВЫ ТРУБ (БИЕНИЕ ТРУБЫ, ВОЗДЕЙСТВИЕ СТРУИ И ЗАТОПЛЕНИЕ)

### Идентификация и характеризация разрывов труб

4.110. В зависимости от характеристик рассматриваемых труб (внутренние параметры, диаметр, значения напряжений, показатели усталости) следует принимать в расчет следующие типы повреждений:

a) высоконапорные трубы[7] могут пострадать от кругового разрыва, продольной сквозной трещины стенки или от того и другого одновременно. Высокий напор содержащейся в них жидкости говорит о важности и необходимости учета динамических эффектов, таких как биение трубы или ударное воздействие струи;
b) низконапорные трубы могут также пострадать от сквозных трещин в стенках — продольных или круговых, — но, учитывая напор жидкости, такие трещины, как правило, будут более стабильными, чем трещины

[7] В одних государствах под высоконапорной трубой понимается труба с внутренним рабочим давлением более 1,9 МПа или рабочей температурой более 95°C в случае воды. В других государствах эти пределы составляют 2,0 МПа и 100°C соответственно. Для других текучих сред, например газа при давлении выше атмосферного, могут применяться другие пределы.

в высоконапорных трубах, а динамические эффекты будут менее выраженными. В виде исключения для низконапорных труб можно было бы обосновать ограничение размера протечки значительно меньшей площадью, чем их внутреннее поперечное сечение.

4.111. Может быть допустимо постулировать только ограниченную протечку (а не разрыв), если будет доказано, что рассматриваемая трубопроводная система эксплуатируется в «высоконапорном» режиме в течение короткого периода времени[8] (например, менее 2% от общего времени эксплуатации). Некоторые государства установили критерии для исключения определенных сегментов труб из анализа разрывов (см. пункт 4.136). В иных случаях подходящим методом демонстрации надежности конструкции может считаться оценка последствий, предположительно возникающих при полном разрыве трубы.

4.112. Повреждение должно постулироваться в следующих местах:

a) на концевых соединениях (фиксированные точки, соединения с большой трубой или с компонентом), а также на сварных швах и в промежуточных точках высокой нагрузки для трубопроводной системы, спроектированной и эксплуатируемой в соответствии с правилами, применяемыми для систем безопасности. Другие места этой трубопроводной системы, где повреждение трубы может привести к граничным воздействиям на КСЭ, важные для безопасности, должны проверяться, возможно, на основе реалистичных предположений;
b) во всех местах для прочих труб.

4.113. Для трубопроводных систем малого[9] диаметра, склонных к повреждению вследствие вибрации и к разрыву под действием внешних сил, разрывы следует постулировать в любом месте.

4.114. Круговой разрыв трубы может произойти в результате повреждения, вызванного каким-либо механизмом деградации, например коррозией или усталостным напряжением (т.е. трещина вырастает до размера, превышающего критический), либо в результате сильной перегрузки (например, гидравлического удара или удара, вызванного разрывом другого

---

[8] Такой подход считается допустимым лишь в некоторых государствах.

[9] В одних государствах «малой» считается труба с номинальным диаметром до 50 мм. В других государствах малыми считаются трубы с номинальным диаметром до 25 мм.

трубопровода). Наиболее вероятным местом такого разрыва трубы является любой круговой сварной шов между прямыми отрезками трубы и такими компонентами трубы, как колена, Т-образные соединения, редукторы, клапаны или насосы. Вообще говоря, возможность разрыва трубы должна допускаться в любом месте, где происходят изменения жесткости и вибрация или расслоение жидкости, вызванное разницей температур.

4.115. Предполагаемая частота двустороннего гильотинного разрыва высоконапорного трубопровода должна быть выведена из опыта эксплуатации или из расчетов механики разрушения. Она может быть также получена на основе оценок, выполненных для нужд вероятностной оценки безопасности.

4.116. Если в высоконапорных трубопроводах присутствуют продольные сварные швы, следует рассмотреть возможность возникновения большой продольной сквозной трещины в стенке, приводящей к разрыву или к протечке большой площади.

4.117. Следует постулировать полные мгновенные разрывы высоконапорных труб при анализе таких локальных воздействий на КСЭ, важные для безопасности, как прямой механический контакт (биение трубы) или ударное воздействие струи, включая потенциальную нагрузку, вызванную ударной волной. Кроме того, при проектировании опор, средств защиты (например, ограничителей труб) и соответствующих КСЭ, важных для безопасности, должны быть приняты во внимание глобальные воздействия[10] разрывов этих труб, включая такие последствия, как затопление, повышение влажности и температуры и рост уровня радиации.

4.118. Повреждения труб могут затрагивать КСЭ, важные для безопасности, в форме локальных и глобальных воздействий, описанных в пункте 4.117. Все эти возможные воздействия должны быть проанализированы и учтены при проектировании станции, в частности для разработки мер защиты и смягчения последствий.

4.119. Три основных явления, которые могут быть вызваны повреждением труб, — это биение трубы, воздействия струи и затопление. Первые два явления рассматриваются в пунктах 4.120–4.144, внутреннее затопление — в пунктах 4.145–4.172. Также рассматриваются вторичные эффекты, такие

[10] В контексте настоящего Руководства по безопасности под «глобальными воздействиями» понимаются последствия, которые могут затронуть всю площадку.

как возникновение летящих предметов вследствие повреждения и влияние разрыва на условия внешней среды (например, локальное повышение температуры и давления).

*Биение трубы*

4.120. Биение трубы в обычной форме возникает как следствие двустороннего гильотинного разрыва трубы в высоконапорном трубопроводе. Свободные поперечные срезы разорванной трубы, приводимые в движение силами выбрасываемой высоконапорной жидкости, ускоряются, что обычно приводит к их смещению с предусмотренного конструкцией места. При достаточно большом смещении конца трубы возрастающий изгибающий момент может вызвать пластическую деформацию и образование пластического шарнира на ближайшем ограничителе биения трубы или на твердой (или достаточно жесткой) опоре. Это определит длину конца трубы, который будет методично вращаться вокруг этой точки в фазе свободного биения трубы.

4.121. В случае предполагаемых разрывов, когда оба сегмента трубы на всю длину находятся на одной и той же высоте, следует предположить, что биение трубы будет происходить только на одной высоте; в противном случае следует допустить движение во всех направлениях (т.е. сферу с пластическим шарниром в центре).

4.122. В случае большой продольной сквозной трещины в стенке высоконапорного трубопровода вблизи этого разрыва не возникает классического биения трубы, поскольку не происходит ее разделения. Однако следует учитывать большие смещения исходя из предположения, что труба примет V-образную форму с тремя пластическими шарнирами и потенциально сможет затронуть другое оборудование, находящееся поблизости.

4.123. Бьющиеся концы труб должны стать предметом геометрического анализа для определения возможных направлений движения, которые могут представлять опасность для КСЭ, являющихся мишенями. Кроме того, анализ должен включать оценку эффективности ограничителей биения труб, показывающую, что отклонение труб будет сдерживаться физическими ограничителями. В случае разрыва концевых соединений следует рассмотреть вторичные эффекты для оставшихся концевых соединений.

4.124. При анализе последствий удара следует допустить, что любой удар бьющейся трубы о трубу аналогичной конструкции, но меньшего диаметра приведет к повреждению (разрыву) трубы-мишени. При условии подготовки соответствующего обоснования считать, что подвергающиеся удару трубы-мишени с диаметром, равным диаметру ударяющей трубы или бо́льшим его, потеряют целостность, нет необходимости. Однако если на бьющемся конце присутствует дополнительная масса (например, клапан или диафрагма), то кинетическая энергия движения увеличивается. Кроме того, жесткость трубы — и, следовательно, ее способность повредить более крупную трубу — может увеличиться, если вблизи конца трубы ее форма меняется (например, присутствует колено). В этих случаях труба-мишень может разорваться, даже если она больше, чем бьющаяся труба. Кабели и кабельные лотки, а также различные типы конструкций и приборов следует рассматривать как возможные мишени, если они обеспечивают работу систем или элементов, важных для безопасности.

4.125. При изучении бьющейся трубы следует рассмотреть возможность последующего разрыва после удара по мишени с выбросом вторичных летящих предметов. Источниками летящих предметов могут быть отдельные компактные массы, находящиеся внутри отрезка трубы или прикрепленные к нему, например клапаны и насосы. Если эти компоненты имеют отдельные опоры, призванные предотвратить такие разрывы и образование вторичных летящих предметов, то анализ должен быть распространен и на эти точки крепления. Следует также обратить внимание на измерительные патрубки и аналогичные приспособления, прикрепленные к трубе, как на возможные дополнительные источники летящих предметов.

*Воздействия струи*

4.126. Струя — это поток жидкости, выбрасываемый в результате протечки или разрыва в системе, находящейся под давлением, в определенном направлении и с достаточно высокой скоростью.

4.127. Струи обычно появляются из поврежденного компонента, например трубы или емкости, содержащего жидкость под высоким давлением. Для низконапорных систем струи могут быть исключены из рассмотрения.

4.128. Обычно предполагается, что источником струи является круговой или продольный разрыв емкости или трубы. Затем возникающая струя начинает бить в определенном направлении. В случае круговых разрывов предполагается, что направление струи будет совпадать с направлением трубы. В случае продольных разрывов предполагается, что струя будет ориентирована радиально.

4.129. При необходимости следует принять в расчет другие возможные источники струй. Примером такого источника является струя газа (возможные последствия воспламенения этого газа рассматриваются в пунктах 4.1–4.77).

4.130. Для каждого постулируемого места и величины разрыва должны быть оценены геометрия струи (форма и направление) и ее физические параметры (например, давление, температура, плотность) с их изменением во времени и пространстве.

4.131. Если при разрыве возникает более одной струи, следует учитывать возможную интерференцию струй. Так происходит в случае двустороннего разрыва трубы без ограничителей, при котором могут образоваться две струи — по одной из каждого разорванного конца трубы.

4.132. Следует учитывать влияние движения источника струи (например, бьющейся трубы) на геометрию струи, а также другие возможные эффекты (например, обусловленные объектами, находящимися вблизи траектории струи).

4.133. Для анализа формы и других свойств струи может быть использован консервативный анализ, основанный либо на подходящей и проверенной компьютерной модели, либо на упрощенном приближении на базе экспериментальных данных, либо на прочих подходящих и обоснованных консервативных допущениях.

4.134. Необходимо учитывать следующие типы воздействия струй на мишени: механическую нагрузку (давление, удар), тепловую нагрузку (температуру, включая тепловые напряжения и удары, где это необходимо) и свойства жидкостей (например, возможные короткие замыкания в электрооборудовании из-за электропроводности жидкой воды). Следует также оценить возможные химические воздействия, особенно если выбрасываемая жидкость не является водой.

4.135. Возможно, потребуется проанализировать воздействие струй на другие мишени помимо КСЭ, важных для безопасности, если их повреждение может повлечь за собой значительные вторичные последствия. Типичным примером является повреждение изоляции труб внутри защитной оболочки. Хотя сама изоляция не имеет большого значения для безопасности, фрагменты изоляционного материала могут заблокировать фильтры отстойника системы аварийного охлаждения активной зоны или спринклерной системы защитной оболочки при охлаждении рециркуляционным насосом. Соответствующие рекомендации содержатся в пунктах 4.84 и 4.85 публикации Серии норм безопасности МАГАТЭ, № SSG-53, «Design of the Reactor Containment and Associated Systems for Nuclear Power Plants» («Проектирование защитной оболочки реактора и смежных систем атомных электростанций») [10].

### Предотвращение разрывов труб

4.136. В некоторых государствах было сочтено, что применение очень высоких стандартов качества для высоконапорных трубопроводов, аналогичных стандартам для корпусов, может уменьшить риск разрыва труб до столь низкого уровня, что его можно будет фактически исключить из дальнейшего рассмотрения. Некоторые государства определили критерии для исключения определенных сегментов труб из анализа разрывов (см., например, [11]).

4.137. Для мест, где выполняются критерии исключения разрыва, можно сделать допущение о протечке (а не о полном разрыве)[11]. Чтобы определить размер протечки, необходимо провести анализ механики разрушения. В качестве альтернативы следует постулировать трещину, соответствующую протечке в размере 10% от поперечного сечения потока. Необходимо показать, что система обнаружения протечек обладает достаточной чувствительностью для обнаружения минимальной протечки из трещины такого размера.

4.138. Для всех трубопроводов вероятность разрыва трубы может быть значительно снижена, если применять меры безопасности, в особенности при проектировании, производстве, строительстве и надзоре (увеличение количества инспекций или проверок в процессе эксплуатации на предмет протечек, вибрации и усталостного напряжения, химического состава воды, незакрепленных деталей, смещений, эрозии и коррозии).

### Смягчение последствий разрыва труб

*Смягчение последствий биения труб*

4.139. Принято считать, что вероятность серьезного разрыва трубы в трубопроводных системах атомной электростанции невелика; тем не менее

---

[11] Это применимо в тех государствах, где принята концепция «протечка перед разрывом».

для ограничения движения труб, которые в случае разрыва могут повредить КСЭ, важные для безопасности, следует использовать трубные ограничители.

*Смягчение последствий образования струй*

4.140. В случае разрыва высоконапорной трубы избежать образования струи невозможно; единственный способ предотвратить образование струи — это не допустить самого разрыва. Однако следует рассмотреть средства для ограничения струи во времени и/или пространстве. Например, клапаны, установленные выше по направлению потока от точки разрыва, и обратные клапаны, установленные ниже ее по направлению потока, могут остановить струю вскоре после ее возникновения. Для ограничения дальности биения струи вокруг поврежденной трубы следует установить прочные барьеры (например, бетонные стены).

4.141. Насколько это практически возможно, следует использовать покрытия и изоляционные материалы, устойчивые к ударному воздействию струи, чтобы ограничить количество обломков, образующихся под воздействием струи (поскольку при определенных условиях эти обломки могут нарушить работу систем безопасности).

**Особые соображения, касающиеся опасности возникновения струй**

4.142. Помимо прямого попадания струи в мишени (локальные эффекты), выброс жидкости в результате протечки или разрыва может также существенно повлиять на общие условия внешней среды в помещении. Эти эффекты будут зависеть, помимо прочего, от длительности биения и параметров струи, а также от размеров помещения. Если это вызывает озабоченность, то следует также проанализировать и включить в процесс аттестации по воздействию на окружающую среду общие параметры внешней среды и их влияние на работоспособность КСЭ.

4.143. При проектировании станции следует учитывать влияние перепада давлений на конструкцию или часть конструкции (такую как стена), например из-за пара, выделяющегося при разрыве. Примерами мер, которые могут быть использованы для смягчения этого воздействия, являются разрушаемые панели и двери, открывающиеся при определенном давлении или температуре.

4.144. Защита от ударного воздействия струи аналогична защите от летящих предметов. Защитные меры должны быть рассчитаны на то, чтобы обеспечивать защиту как от летящих предметов, так и от струй или вообще от максимально возможного числа внутренних опасностей.

## ВНУТРЕННЕЕ ЗАТОПЛЕНИЕ

### Идентификация и характеризация опасностей, связанных с внутренним затоплением

4.145. Внутреннее затопление может быть вызвано любым событием, в результате которого происходит выброс жидкости (обычно воды[12]), превышающий дренирующую способность данной зоны. Затопление может повлиять на многие КСЭ (т.е. на те, которые не рассчитаны на то, чтобы выдержать погружение в воду или воздействие брызг). Хотя руководящие указания в данном подразделе относятся только к внутреннему затоплению, такое внутреннее затопление может быть вызвано внешними событиями (например, землетрясением, внешним затоплением) или усилиться под их воздействием.

4.146. Затопление означает не только образование водяных бассейнов на полу помещения, но и скопление воды в более высоких местах. Например, вода (образующаяся от брызг или вследствие конденсации пара) может скапливаться в кабельных лотках, даже если они расположены значительно выше уровня пола. Следовательно, расположенное в таком месте оборудование должно рассматриваться как подверженное затоплению. Кроме того, вода из этих лотков может стекать в другие места, где ее присутствие также нежелательно.

4.147. Следует учитывать действия, предпринимаемые персоналом станции (например, работы по техническому обслуживанию), которые могут привести к затоплению.

4.148. Вызвать затопление могут, в частности, следующие события:

a) протечка или разрыв в системе теплоносителя первого или второго контура;

---

[12] В данном подразделе рассматривается затопление водой; однако те же соображения применимы и к другим жидкостям на площадке, если они присутствуют в достаточных количествах и в таких местах, что это может вызвать затопление. В числе возможных примеров — топливо, химикаты и огнетушащие материалы.

b) протечка или разрыв в системе аварийного охлаждения активной зоны;
c) протечка или разрыв в системе технической воды;
d) протечка, неисправность или ложное срабатывание системы пожаротушения;
e) ошибка человека при обслуживании (например, клапан, лючок или фланец по ошибке оставляются открытыми);
f) протечка в трубопроводных системах, содержащих воду для бытовых нужд, воду для циркуляционных насосов или конденсат, а также внешнюю воду, попадающую в установку через водосток.

4.149. Все возможные опасные факторы затопления должны выявляться на систематической основе. Один из подходов состоит в том, чтобы составить перечень КСЭ, а затем определить все возможные источники воды (включая источники в других помещениях) и систематически выявлять пути распространения затопления. Выявление опасных факторов должно подкрепляться проектными чертежами и осмотром помещений с целью проверки. Для целей проверки и подтверждения может также использоваться трехмерная модель.

4.150. Для всех возможных сценариев затопления следует вывести зависимость уровня воды от времени не только для помещения или станционной зоны, где находится источник воды, но и для всех помещений или станционных зон, куда может распространиться вода. При этом следует учитывать общее количество источников, скорость сброса и средства изоляции. Следует также учитывать потенциально неисчерпаемые запасы воды. Типичными путями, по которым может двигаться вода во время затопления, являются трубопроводы, водостоки или отверстия в стенах или полах, лестничные клетки, вентиляционные отверстия и лифты. Важным путем распространения затопления также являются двери.

4.151. Во время затопления вода может проникать под двери или может повредить (например, покоробить) двери вплоть до их выхода из строя, если они не рассчитаны на то, чтобы выдерживать гидростатическое давление и/или гидродинамические нагрузки, которые могут возникнуть. Выход из строя дверей следует моделировать на основе консервативного подхода[13].

---

[13] «Консервативность» зависит от того, какие последствия будет иметь выход двери из строя — положительные (например, заблокирует движение воды в направлении КСЭ, важных для безопасности) или отрицательные (например, откроет воде путь к КСЭ, важным для безопасности).

4.152. Опыт эксплуатации показал, что вентиляционные каналы позволяют воде стекать на более низкие уровни. Таким образом, при проектировании следует учесть распространение воды по вентиляционным каналам. В качестве примеров последствий можно привести забрызгивание водой электрооборудования или погружение оборудования под воду в помещениях, где есть вентиляционный выход или слив в нижней точке, который может выйти из строя.

4.153. В случае разрыва труб, соединенных с баками или бассейнами, следует учитывать эффект сифона, который может увеличить количество стекающей воды.

4.154. Следует учитывать возможную блокировку дренажных отверстий мусором, если это может еще больше усложнить ситуацию. При определении уровня воды с помощью зависимости «объем — высота» следует использовать фактические параметры выстроенного помещения (включая объем находящегося в помещении оборудования).

4.155. Если происходит затопление водой, то обычно считается, что оно угрожает главным образом электрическим устройствам, которые, как предполагается, выйдут из строя при погружении в воду или под воздействием брызг, если они не приспособлены для работы в этих условиях. Обычно считается, что кабели не повреждаются при погружении в воду; однако следует допустить, что места соединения (например, муфты) выйдут из строя под воздействием воды, если они не имеют специальной защиты.

4.156. Некоторое механическое оборудование может быть устойчиво к прямому воздействию воды, но оно может быть соединено со вспомогательным электрооборудованием (например, устройствами питания, контроля, управления). В таких случаях следует учесть влияние затопления на это вспомогательное оборудование. Кроме того, следует учитывать эффект плавучести, поскольку механическое оборудование может быть не рассчитано на воздействие силы, направленной вверх.

**Предотвращение опасностей, связанных с внутренним затоплением**

4.157. Затопление может быть вызвано протечкой или разрывом корпуса, резервуара или трубы; поэтому для снижения вероятности затопления в проекте должны быть предусмотрены средства, нацеленные на снижение вероятности протечки или разрыва трубы (см. пункты 4.136–4.138).

4.158. В качестве важного способа снижения вероятности затопления должно рассматриваться уменьшение количества ошибок человека.

4.159. Для снижения вероятности внутреннего затопления, вызванного переполнением резервуара, должны использоваться инженерные средства (например, датчики), предотвращающие переполнение резервуаров.

4.160. Кабельные лотки должны быть рассчитаны на то, чтобы ограничивать распространение воды при затоплении. Примерами конструктивных особенностей, позволяющих сделать это, являются сливные отверстия и водонепроницаемые проемы.

4.161. Насколько это практически возможно, водонепроницаемые проемы должны изготавливаться из материала, устойчивого к деградации, и устраиваться в местах, где можно легко проводить осмотр и техническое обслуживание.

4.162. Уплотнения и прокладки, повреждение которых может привести к затоплению (например, уплотнения конденсаторов), должны изготавливаться из материала, устойчивого к деградации и достаточно прочного, чтобы выдержать ожидаемые нагрузки (например, гидроудар, сейсмические явления, пожар, гидравлические нагрузки). Скорость потока при повреждении уплотнения или прокладки должна определяться отдельно для каждого конкретного случая на основе консервативного подхода.

4.163. К затоплению может привести работа таких предусмотренных проектом средств, как спринклерные системы защитной оболочки, системы пожаротушения или (если предусмотрено внутрикорпусное удержание) системы затопления шахты реактора. Такое затопление должно быть в полной мере учтено при проектировании (например, некоторые компоненты систем контроля и управления должны быть соответствующим образом аттестованы как защищенные от опрыскивания защитной оболочки, а некоторые двери и стены должны быть аттестованы как водонепроницаемые для систем пожаротушения распыленной водой). Такое преднамеренное затопление, как правило, не рассматривается как внутренняя опасность; однако в силу схожего характера его следует включить в число анализируемых опасностей, связанных с внутренним затоплением.

### Уменьшение масштаба и воздействия внутреннего затопления

4.164. Следует добиваться уменьшения масштаба внутреннего затопления, в том числе за счет проектных решений в отношении планировки станции. Это предполагает физическое разнесение резервных КСЭ, важных для безопасности, и размещение КСЭ, чувствительных к затоплению, на высоте, превышающей предполагаемые уровни затопления. Например, КСЭ могут быть установлены на основании, которое находится выше, чем максимально допускаемый уровень затопления. Если это невозможно, может быть использован барьер (стена вокруг компонента либо полный защитный корпус). Следует также обеспечивать (всеми доступными средствами), чтобы случайное затопление было как можно скорее ликвидировано и чтобы было предотвращено потенциально опасное распространение затопления на другие зоны (например, при помощи подходящих порогов). Для уменьшения масштаба затопления могут использоваться следующие средства:

a) надлежащие конструктивные средства (например, пассивные средства защиты от затопления, запорные клапаны на водостоках, насосах и водонепроницаемых дверях, а также на потенциально опасных трубах);
b) системы обнаружения (например, системы сигнализации о затоплении);
c) адекватные регламенты (эксплуатационные и/или аварийные).

4.165. Если предполагаются действия со стороны персонала станции (например, изоляция источника затопления), то следует уточнить время, необходимое для обнаружения, диагностики и смягчения последствий этого события. В любых допущениях относительно времени должны быть оценены и учтены условия внешней среды в зонах, где требуются действия. Эти соображения должны быть также учтены при определении вероятности человеческой ошибки. При детерминистическом подходе для обнаружения, диагностики или действий по уменьшению масштаба (например, изоляции) следует исходить из предположения о единичном отказе наиболее ограничительного характера, а для персонала станции — о консервативном сроке выполнения этих действий с учетом условий внешней среды, вызванных затоплением.

4.166. Поскольку некоторые средства обнаружения затопления (например, уровень воды в отстойнике) не позволяют определить точное место протечки или разрыва, в проекте следует предусмотреть средства, помогающие персоналу станции установить источник внутреннего затопления и/или автоматически уменьшить масштаб затопления. В качестве примера можно привести клапаны, автоматически закрывающиеся при обнаружении условий внешней среды, указывающих на затопление (например, повышенной температуры в помещении, чрезмерной скорости потока), и замкнутые телевизионные системы, позволяющие визуально контролировать ситуацию с затоплением. Для персонала станции должны быть предусмотрены соответствующие регламенты и инструктажи.

4.167. Если затопление происходит достаточно быстро (например, в случае полного прорыва большого резервуара), следует принять во внимание и проанализировать возможность образования и влияние волн, вызванных внутренним затоплением. Волна может поднять локальный уровень воды значительно выше расчетного уровня спокойной воды, и поэтому необходимо провести динамический анализ. При помощи этого анализа следует оценить механические нагрузки, оказываемые волнами на КСЭ, и потенциальное воздействие плавающих обломков на КСЭ.

4.168. Важным средством защиты от затопления являются водостоки, поскольку они ограничивают скорость подъема воды во время затопления, что дает персоналу станции время для принятия соответствующих мер. Дренажная система должна иметь пропускную способность (т.е. скорость стока воды), соизмеримую с источниками внутреннего затопления в каждой зоне станции. Насколько это практически возможно, дренажная система должна быть сделана удобной для осмотра и технического обслуживания для уменьшения вероятности засорения. Секции резервных дренажных систем должны быть независимыми и не выводить поток в общие коллекторы. Следует использовать меры административного контроля для недопущения того, чтобы временно находящиеся на станции предметы, которые могут засорить водостоки (например, пластиковая пленка), хранились в местах, откуда они могут быть перенесены в водостоки в случае затопления. В проекте должны быть предусмотрены средства (например, водостоки, оснащенные обратными клапанами) для того, чтобы при затоплении вода из одной зоны не текла в обратном направлении, вызывая затопление в другой зоне и тем самым ставя под угрозу разнесенные КСЭ, важные для безопасности.

**Особые соображения в отношении опасностей затопления**

4.169. Помимо прямых воздействий затопления (например, брызг, погружения под воду), описанных в данном подразделе, попадание воды в помещение также может существенно повлиять на общие условия внешней среды. Такие эффекты (например, повышение влажности, уровня радиации, температуры) должны быть учтены в процессе аттестации оборудования.

Особое внимание следует уделить потенциальным выбросам растворенного в воде водорода и жидкостям, отличным от воды (например, химикатам, используемым для пожаротушения).

4.170. При проектировании следует учитывать, что образующаяся во время внутреннего затопления вода может оказывать гидростатическую нагрузку на КСЭ, которые вступают в контакт с водой (например, двери, стены, полы, проемы). Если этого не учесть должным образом, это может привести к поломке и повреждениям конструкций из-за падающих предметов или падения тяжелых грузов. Это также может привести к повреждению барьеров и дверей, важных для безопасности.

4.171. Конструкция станции должна гарантировать, что потенциально загрязненная вода, образовавшаяся во время затопления, не попадет в поверхностные и/или подземные воды площадки. Одним из методов достижения этой цели является обеспечение герметичности тех секций здания, которые находятся ниже максимально допускаемого уровня затопления.

4.172. Необходимо учитывать утечки из систем, которые в долгосрочной перспективе могут быть использованы для отвода тепла из гермозоны во время тяжелых аварий. Должна иметься возможность изоляции этих систем, и любая выделяющаяся радиоактивная вода и газ должны быть локализованы соответствующими средствами; в частности, должна иметься система вентиляции, аттестованная для работы в соответствующих условиях внешней среды.

## ПАДЕНИЕ ТЯЖЕЛЫХ ГРУЗОВ

4.173. Обрушение конструкций или падение предметов с высоты может быть вторичным эффектом как внутренней, так и внешней опасности, например землетрясения или сильного ветра. Их необходимо оценивать как потенциальные последствия исходных внутренних или внешних опасностей. Падающие предметы, в свою очередь, могут стать источниками последующих внутренних опасностей; руководящие указания по таким сочетаниям последовательных опасностей приведены в приложении I. Пункты 4.174–4.186 посвящены падению тяжелых грузов, которое происходит в отсутствие других исходных опасностей.

**Идентификация и характеризация падения тяжелых грузов**

4.174. Падения наиболее вероятны при техническом обслуживании станционного оборудования или при подъеме топлива. Если тяжелые элементы станционного оборудования расположены на значительной высоте, необходимо оценить возможные опасности, связанные с падением такого оборудования, кроме случаев, когда вероятность такого события ничтожно мала. Необходимо оценить последствия падений тяжелых грузов, поскольку эти последствия могут представлять риск для безопасности в ряде форм, включая следующие:

a) как воздействие на топливо (риск радиоактивного выброса и, возможно, риск критичности);
b) как воздействие на компоненты систем безопасности (риск отказа систем);
c) как воздействие на конструкции, важные для безопасности (например, риск потери целостности бассейнов выдержки топлива и выброса радиоактивного материала).

4.175. В публикациях Серии норм безопасности МАГАТЭ, № SSG-62, «Design of Auxiliary Systems and Supporting Systems for Nuclear Power Plants» («Проектирование вспомогательных систем и обслуживающих систем атомных электростанций») [12] и № SSG-63, «Design of Fuel Handling and Storage Systems for Nuclear Power Plants» («Проектирование систем для обращения с топливом и его хранения на атомных электростанциях») [13] содержатся рекомендации по проектированию мостового подъемного оборудования и оборудования для обращения с топливом соответственно. Кроме того, в публикациях Серии норм безопасности МАГАТЭ, № SSG-67, «Seismic Design for Nuclear Installations» («Сейсмостойкое проектирование ядерных установок») [14] и № SSG-74, «Maintenance, Testing, Surveillance and Inspection in Nuclear Power Plants» («Техническое обслуживание, испытания, надзор и инспекции на атомных электростанциях») [15] содержатся рекомендации по сейсмостойкому проектированию и аттестации и по техническому обслуживанию, надзору и инспекциям соответственно, которые в своей совокупности обеспечат высокий уровень целостности эксплуатируемых подъемных систем. Благодаря выполнению рекомендаций этих публикаций будет снижена вероятность падения тяжелого оборудования в результате событий, возникших внутри станции.

4.176. Следует проанализировать природу предмета и причину его падения, для того чтобы охарактеризовать возможное направление (например, от падения, наклона или качания), размер, форму и энергию падающего предмета, а также возможные последствия для безопасности[14].

4.177. Для целей определения возможных последствий упавшие грузы, имеющие отношение к обращению с топливом, можно разделить на следующие категории: контейнеры или крышки, передаточные контейнеры и многоцелевые герметичные чехлы или канистры, топливо и стеллажи для хранения топлива и электроинструмент и ручные инструменты. Для падений при обращении с топливом существует большое количество различных сценариев, и каждый из них необходимо рассматривать в контексте потенциальных радиологических последствий и возможного влияния на КСЭ.

4.178. Другая потенциальная категория упавших грузов связана с перемещением контейнеров для радиоактивных отходов. В целом в них, по всей вероятности, содержатся материалы с меньшими уровнями активности, чем в топливных контейнерах, но и сами контейнеры отличаются меньшей прочностью. Общие принципы предотвращения падений и ограничения последствий должны соблюдаться и при обращении с контейнерами для радиоактивных отходов (т.е. с точки зрения качества подъемного оборудования, выбора маршрутов и средств контроля для предотвращения неправильной эксплуатации).

**Предотвращение падения тяжелых грузов**

4.179. Физическое расположение оборудования этой категории часто определяется функциональными требованиями проекта. Там, где допускать близость тяжелого оборудования к мишеням приходится по функциональным соображениям, проектом могут быть предусмотрены достаточные меры, такие как резервные тросы на кранах или блокировочные устройства для снижения вероятности повреждений. Руководящие указания по проектированию высокопрочных кранов, устойчивых к единичным отказам, содержатся в [16–19].

4.180. Когда это практически возможно, планировка станции должна облегчать безопасное передвижение мостового подъемного оборудования

---

[14] В некоторых государствах на основе реалистичных допущений оцениваются следующие случаи: падение крышки корпуса реактора на корпус реактора, падение плиты перекрытия шахты реактора на крышку корпуса реактора (при демонтаже плит над корпусом) и падение плиты перекрытия шахты реактора на плиту пола шахты реактора.

и транспортируемых предметов. В некоторых случаях может возникнуть необходимость в эксплуатации станционного оборудования в зонах, планировка которых не позволяет отделить его от КСЭ, важных для безопасности; в таких случаях следует соблюдать дополнительную осторожность при обращении с тяжелыми грузами вблизи КСЭ.

4.181. Меры по предотвращению падения грузов должны основываться на классификации подъемных устройств, инженерно-конструкторских мерах и административных мерах, которые приведены ниже.

a) Классификация подъемных устройств в соответствии с результатами анализа опасности, при котором оцениваются последствия постулируемого падения груза.
b) Инженерно-конструкторские меры:
   i) общие меры первого эшелона глубокоэшелонированной защиты, в том числе консервативный выбор конструкции и материалов, высокое качество строительства и надзор как при строительстве, так и при эксплуатации;
   ii) зонирование мест установки кранов и схемы защиты, в зависимости от обстоятельств, включая тензодатчики для контроля веса поднимаемого груза, а также блокировки и аварийный останов.
c) Административные меры:
   i) контроль соблюдения регламентов для предотвращения подъема чрезмерно тяжелых грузов или непреднамеренного неправильного обращения с грузами (например, застопоривания груза, удержания груза на весу, раскачивания груза);
   ii) соответствующие меры контроля, связанные с определением подходящих высот подъема и маршрутов подъема, а также меры административного контроля для обеспечения их соблюдения (например, дополнительный надзор). Также может быть целесообразным локальный контроль за процессом подъема, чтобы персонал станции мог удостоверяться в отсутствии зацепов или зависаний, а также в достаточной величине зазоров для подъема;
   iii) периодическая проверка и техническое обслуживание кранов (например, их блокировочных устройств, тросов и тормозов) и связанного с ними подъемного оборудования (петель и стропов, хомутов и скоб, а также сопутствующих предметов).

4.182. Предотвращение падения грузов при обращении с топливом достигается в основном за счет консервативных инженерно-конструкторских мер и соответствующих административных мер. Схема манипулирования с топливом и маршруты подъема должны быть спланированы таким образом, чтобы избежать возможных падений на КСЭ, важные для безопасности.

4.183. При определении планировки станции целью проектирования должна быть защита хранящегося топлива или других важных для безопасности предметов от падения тяжелого оборудования или другого оборудования, используемого в особых ситуациях, которое может привести к серьезным последствиям.

**Уменьшение последствий падения тяжелых грузов**

4.184. Значительно снизить риски, связанные с падением грузов, можно за счет планирования перемещений и подъемов грузов только в определенных режимах работы станции (например, в режиме останова). Такое планирование может также использоваться в качестве превентивной меры.

4.185. В некоторых случаях последствия падения тяжелых грузов могут быть уменьшены за счет применения ступенчатого метода, при котором подъем осуществляется через промежуточные точки, используются платформы для следования за грузом или устанавливаются легко деформируемые конструкции в точке подъема. На тяжелых грузах также могут быть установлены защитные демпферы. Такие защитные демпферы используются, например, на контейнерах с топливом.

4.186. При подъеме при помощи крана грузов в ходе операций по обращению с топливом, например транспортных контейнеров, следует уделять особое внимание топливным контейнерам из-за их большой массы. Необходимо контролировать возможные последствия падений для бассейна выдержки топлива. Проблему может создать падение либо в сам бассейн выдержки топлива, либо на плиты, окружающие бассейн. Эти падения должны расцениваться как потенциально нарушающие целостность или герметичность бассейна выдержки. Еще один планировочный прием, заслуживающий рассмотрения, состоит в том, чтобы производить манипуляции с топливными контейнерами только в зоне, удаленной от самого бассейна и от других зон, которые могут стать мишенями (см. SSG-63 [13]).

## ЭЛЕКТРОМАГНИТНЫЕ ПОМЕХИ

4.187. Электромагнитные помехи — это термин, используемый для описания ряда потенциальных механизмов помех, способных воздействовать на электрические или электронные устройства в силу электромагнитной проводимости либо электромагнитного излучения. Если помехи находятся в высокочастотном или радиочастотном диапазоне, их иногда называют радиочастотными помехами; в контексте настоящего Руководства по безопасности используется общий термин «электромагнитные помехи».

4.188. Опасности, связанные с электромагнитными помехами, можно разделить на внутренние (например, вызванные индукцией или излучением от установленного оборудования как при нормальной эксплуатации, так и при неисправностях) и внешние (например, молнии, излучение от солнечных вспышек или излучение от оборудования, находящегося вне границ площадки и эксплуатируемого другими организациями). В настоящем Руководстве по безопасности рассматриваются только внутренние опасности, связанные с электромагнитными помехами.

4.189. Во многих случаях в стандартах проектирования и изготовления оборудования учитывается как необходимость блокирования источников электромагнитных помех, так и способность оборудования противостоять электромагнитным помехам. Дополнительные рекомендации по этим вопросам содержатся в SSG-39 [6] и SSG-34 [7].

### Идентификация и характеризация опасностей, связанных с электромагнитными помехами

4.190. Необходимо определить потенциальные источники электромагнитных помех и оценить возможные эффекты от них. К числу крупных источников электромагнитных помех, подконтрольных эксплуатирующей организации, относятся щеточные узлы двигателей и генераторов, а также отключение участка короткого замыкания во время работы распределительных устройств, автоматических выключателей или предохранителей. Электрические поля также могут создаваться радиопередатчиками. Даже фотографирование со вспышкой иногда влияет на чувствительное оборудование управления и защиты. Эксплуатирующими организациями накоплен большой опыт, который поможет проектировщикам выявить потенциальные механизмы электромагнитных помех или аналогичные неисправности. Дополнительные рекомендации приводятся в SSG-39 [6].

4.191. К другим потенциальным источникам электромагнитных помех относятся некоторые работы по техническому обслуживанию или строительные работы, например переносное оборудование для дуговой сварки и переносная аппаратура радиосвязи, принесенные на атомную электростанцию, а также георадары, используемые для съемки местности. Необходимо идентифицировать и эти потенциальные источники электромагнитных помех и учесть возможные эффекты от них.

4.192. При идентификации потенциальных опасностей, связанных с электромагнитными помехами, следует принимать в расчет возможные источники, возникающие в результате неисправностей, например электрических повреждений кабелей с изношенной изоляцией или поломки проходных изоляторов трансформаторов.

4.193. По мере возможности процесс идентификации должен включать также определение местонахождения источников электромагнитных помех. Это будет иметь важное значение при оценке влияния помех на работу станции.

### Предотвращение опасностей, связанных с электромагнитными помехами

4.194. Проектом атомной электростанции должны быть предусмотрены меры по предотвращению воздействия электромагнитных помех и/или защите от него. Необходимо выполнить оценку для выяснения того, может ли какой-либо источник электромагнитных помех на площадке вызвать сбои в работе или повреждение систем и компонентов атомной электростанции, в частности контрольно-измерительных приборов. В течение всего срока эксплуатации станции необходимо отслеживать и анализировать как появление новых источников электромагнитных помех, так и изменения в существующих источниках.

4.195. Электромагнитные помехи должны быть ограничены таким образом, чтобы они не мешали функционированию оборудования. Рекомендации по минимизации влияния электромагнитных помех на компоненты или системы контроля и управления приведены в SSG-39 [6]. Это предполагает использование ряда методов, включая следующие:

a) подавление электромагнитных помех вблизи источника;
b) отделение и изоляцию сигнальных кабелей систем контроля и управления от силовых кабелей;

c) экранирование оборудования и кабелей от внешних источников магнитного и электромагнитного излучения;
d) фильтрацию электромагнитного шума, прежде чем он сможет повредить работе чувствительных электронных схем;
e) нейтрализацию или изоляцию электронного оборудования от изменений электрического потенциала Земли;
f) надлежащее заземление электрооборудования и оборудования контроля и управления, каналов для прокладки кабелей, шкафов, компонентов и оболочек кабелей.

Благодаря применению этих методов может быть обеспечен хороший уровень совместимости между системами контроля и управления и источниками электромагнитных помех в локальной среде.

4.196. Если планируется провести тестирование для демонстрации эффективности защиты от электромагнитных помех, предусмотренной проектом, то тестируемое оборудование должно находиться в таком состоянии, чтобы в случае его некорректной работы это не оказало негативного влияния на безопасность. Тестирование должно проводиться с использованием типичных рабочих параметров (например, входного сигнала, выходного сигнала, условий внешней среды, вспомогательного источника питания, электрических характеристик).

4.197. Портативные источники, находящиеся вблизи чувствительного оборудования, должны контролироваться таким образом, чтобы КСЭ, важные для безопасности, не подвергались негативному воздействию этих источников. Это может предполагать применение ряда мер, включая установление запретных зон[15] или другие меры административного контроля. Режим запретных зон должен быть подкреплен средствами физического контроля (например, устройствами обнаружения электромагнитных помех), средствами административного контроля (например, правилами доступа, предупредительными надписями, системами контроля работы) и высокой культурой безопасности (обучение, бдительность, самопроверка, критическое отношение). Выбор подходов к соблюдению режима запретных зон будет зависеть от требуемого уровня надежности.

[15] Запретная зона определяется минимально допустимым расстоянием между точкой установки КСЭ, важной для безопасности, и местом, где разрешено включать переносные источники электромагнитного излучения.

### Уменьшение воздействия опасностей, связанных с электромагнитными помехами

4.198. Необходимо осознавать последствия отказов отдельных компонентов для общего функционирования систем или для общей функции безопасности.

4.199. Как и в случае с другими внутренними опасностями, следует взять на вооружение принципы разумного проектирования, такие как резервирование и неодинаковость, а также физическое разделение и разнесение, поскольку благодаря им можно значительно уменьшить распространение опасности электромагнитных помех. Во многих случаях аккуратность при планировании размещения систем или подсистем может существенно повлиять на общие потенциальные последствия для работоспособности системы и, следовательно, на выполнение функций безопасности.

### Особые соображения в отношении опасностей, связанных с электромагнитными помехами

4.200. В настоящем Руководстве по безопасности рассматривается только «мгновенное» воздействие электромагнитных помех как внутренней опасности. Можно допустить, что постоянные электромагнитные помехи оказывают долгосрочное воздействие в виде наведенных вибраций и усталостного напряжения или гальванической коррозии в силу эффекта вихревого тока. Они могут влиять на долгосрочную целостность компонентов и систем, но предполагается, что борьба с этими помехами будет вестись в рамках процессов, призванных поддерживать станцию в рабочем состоянии.

## ВЫБРОС ОПАСНЫХ ВЕЩЕСТВ В ПРЕДЕЛАХ СТАНЦИИ

4.201. Опасные вещества способны вывести из строя узлы или системы станции или причинить вред персоналу, выполняющему действия, важные для безопасности. Потенциальная возможность выброса хранящихся опасных веществ или их образования в пределах площадки рассматривается в настоящем Руководстве по безопасности как внутренняя опасность. Выброс опасного материала вне площадки или выброс, неподконтрольный эксплуатирующей организации, должен рассматриваться как внешняя опасность (например, выброс хлора в результате аварии автоцистерны). Однако некоторые рекомендации, приведенные в данном Руководстве по безопасности, могут быть актуальны при учете и такого рода проектных соображений.

4.202. Воздействие опасных химических веществ, которое должно учитываться в анализе безопасности, должно включать в себя эффекты, обусловленные физико-химическими свойствами (такими как взрывоопасность, способность к окислению, воспламенению) и свойствами, вредными для здоровья (такими как токсичность, способность вызывать раздражение, коррозионные, аноксичные свойства, высокая температура).

**Идентификация и характеризация опасностей, связанных с выбросами опасных веществ в пределах станции**

4.203. Необходимо провести обследование опасных материалов (т.е. их количества, физической и химической формы, типа, порядка хранения) в пределах площадки, чтобы определить, какие из них в случае выброса могут либо повлиять на компоненты систем, важных для безопасности, либо оказать неблагоприятное воздействие на персонал, которое может ухудшить его способность выполнять действия, важные для безопасности.

4.204. В процессе идентификации опасностей должен быть составлен список опасных веществ, выброс которых может потенциально иметь место. Эти потенциальные выбросы могут происходить из целого ряда различных источников, включая, например, газы, хранящиеся в больших емкостях, газы в баллонах, летучие жидкости, химические вещества, используемые для поддержания водно-химического режима, и химические вещества, которые могут смешаться и образовать вторичный продукт, например в виде облака.

4.205. Список опасных веществ должен быть полным и включать все такие вещества, которые доставляются на площадку субподрядными организациями для нужд технического обслуживания.

4.206. Следует принять во внимание потенциальное воздействие данной опасности на персонал станции. Оно может включать в себя токсические и удушающие эффекты, способные вывести из строя персонал станции или причинить ему иной вред. Следует позаботиться о том, чтобы выброс опасных веществ не помешал персоналу станции предпринять действия по ликвидации последствий инцидента или по безопасной остановке станции и поддержанию ее в безопасном состоянии.

4.207. Следует также принять во внимание потенциальное воздействие этой опасности на станционные КСЭ. В качестве примеров можно привести осаждения на электрических контактах контрольно-измерительных приборов, вызывающие их замыкание, а также попадание негорючих газов в дизель-генераторы, что может стать причиной их отказа. Кроме того, на некоторые станционные системы может повлиять охлаждающий эффект газового облака. Следует также идентифицировать потенциальный коррозионный эффект в ближайшей или краткосрочной перспективе.

**Предотвращение опасностей, связанных с выбросами опасных веществ в пределах станции**

4.208. К мерам по предотвращению выбросов опасных веществ относятся общие меры первого эшелона глубокоэшелонированной защиты в отношении минимизации вероятности выброса, в том числе консервативный выбор конструкции и материалов, высокое качество строительства и надзор как при строительстве, так и при эксплуатации. Особые меры, относящиеся к выбросам опасных веществ, включают проектирование резервуаров для хранения и распределительных систем, а также их техническое обслуживание в процессе эксплуатации.

4.209. Если станционные системы или компоненты должны обладать устойчивостью к присутствию газового или парового облака, то следует взять на вооружение тот же подход (т.е. консервативный выбор конструкции и материалов, высокое качество строительства, надзор как при строительстве, так и при эксплуатации). В таких случаях кабели и шкафы управления электрооборудованием, расположенные вблизи потенциальных источников выбросов, должны быть спроектированы и размещены таким образом, чтобы свести к минимуму (в соответствии с другими требованиями безопасности) ущерб, вызываемый выбросом газа, воды, пара, дыма или опасных веществ.

4.210. Как и в случае с другими внутренними опасностями, применение принципов разумного проектирования, таких как резервирование и неодинаковость, а также физическое разделение и разнесение, может существенно повлиять на динамику развития опасностей, связанных с выбросом опасных веществ. В некоторых случаях проблемные сценарии могут быть по большей части исключены за счет продуманного размещения систем безопасности (т.е. относительно хранилищ опасных материалов).

4.211. Там, где это необходимо, предотвращение опасностей, связанных с выбросами опасных веществ, должно включать в себя контроль систем вентиляции тех зон станции, где требуются действия по выполнению функций безопасности, в частности на пунктах управления. Системы управления должны закрывать вентиляционные отверстия, переводя зону в режим рециркуляции и тем самым не позволяя вывести из строя персонал станции, выполняющий важные для безопасности действия. Рекомендации по проектированию систем вентиляции приведены в SSG-62 [12].

4.212. В случае выброса химических веществ, которые могут смешаться и образовать опасный вторичный продукт, должны применяться такие превентивные меры, как административный контроль за приемкой и хранением таких химических веществ, а также инженерные меры, например использование неодинаковых соединительных муфт на шлангах для подачи кислот и щелочей.

**Уменьшение воздействия опасностей, связанных с выбросами опасных веществ в пределах станции**

4.213. Такие принципы проектирования, как резервирование и неодинаковость, а также физическое разделение и разнесение КСЭ, важных для безопасности, должны также уменьшить воздействие опасностей, связанных с выбросом опасных веществ. Системы, предусматривающие возможность резервирования с хорошим разнесением или разделением, должны иметь достаточное количество резервных подсистем, не затронутых выбросом, чтобы их функции безопасности успешно выполнялись даже при сбое некоторых системных компонентов.

4.214. Тот факт, что станция и оборудование размещаются в зданиях, может означать, что газовые облака пройдут мимо или уменьшатся в плотности, прежде чем произойдет значительное проникновение такого облака в здание, которое может повлиять на локальную среду такого оборудования, как кабели и шкафы с аппаратурой.

4.215. Управление авариями может потребовать использования средств индивидуальной защиты, для того чтобы персонал станции мог покинуть среду, которая может стать непригодной для жизнедеятельности, получить доступ в те зоны станции, где должны выполняться важные действия, или продолжить выполнение других действий в опасном месте (речь идет, например, о станционном персонале на блочном пункте управления).

### Особые соображения в отношении выбросов опасных веществ

4.216. В данном Руководстве по безопасности рассматривается только «мгновенное воздействие» выброса опасного материала в пределах станции. Можно допустить, что постоянно продолжающиеся незначительные выбросы могут вызвать долгосрочные последствия, например в виде коррозионных эффектов. Они могут влиять на долгосрочную целостность компонентов или систем, но борьба с ними должна вестись в рамках процессов, призванных поддерживать станцию в рабочем состоянии.

## Приложение I

# СОЧЕТАНИЯ ОПАСНОСТЕЙ

I.1. Как внутренние опасности, так и внешние опасности могут стать причиной возникновения других опасностей. Например, сейсмическое явление (внешняя опасность) может привести к разрыву трубы или вызвать пожар, повредив электрооборудование (внутренняя опасность). Аналогичным образом падение тяжелого груза (внутренняя опасность) может вызвать внутреннее затопление (другую внутреннюю опасность) за счет разрыва трубы или привести к возникновению летящих предметов (внутренней опасности) за счет повреждения механического оборудования.

I.2. При проектировании станции должно быть учтено воздействие этих сочетаний опасностей (т.е. двух или более опасностей, возникающих вследствие исходного события, в том числе какой-либо опасности). Сочетания, которые должны учитываться, зависят от местоположения площадки и общей конструкции станции. Сочетания, включающие разнообразные внешние опасности (природные, такие как цунами, метель и песчаная буря, а также техногенные, такие как ударная волна при взрыве), применимы не ко всем площадкам. Поэтому определять некий набор сочетаний опасностей, который был бы применим ко всем станциям, невозможно и нет необходимости.

I.3. Рекомендуется использовать подход, ориентированный на достижение определенных показателей[16]. Такой подход, независимо от конкретно используемых методов или критериев, должен быть всеобъемлющим и системным. Цель состоит в определении того, какие сочетания опасностей следует учитывать и какие проектные средства необходимы для реагирования на эти сочетания опасностей. Основания для выбора того или иного сочетания опасностей для дальнейшего рассмотрения, а также для отсеивания сочетаний опасностей должны быть четко определены и задокументированы.

[16] Подход, ориентированный на достижение определенных показателей, не предписывает конкретных шагов, которые должны быть предприняты, а определяет желаемый результат и ясные, объективные и измеримые критерии для определения того, достигнут ли этот результат. Могут использоваться различные методы при условии, что достигается желаемый результат.

I.4. В принципе могут быть рассмотрены три типа сочетаний опасностей, которые описываются ниже.

a) Последовательные (следующие одно за другим) события: исходное событие (например, внешняя или внутренняя опасность) приводит к другому событию (например, внутренней опасности). Примерами могут служить сейсмическое явление и последующий внутренний взрыв, а также внутренний пожар и последующее внутреннее затопление.
b) Коррелирующие события: два или несколько событий (хотя бы одно из них должно быть внутренней опасностью), которые происходят по общей причине. Общей причиной может быть любое ожидаемое событие, включая внешнюю опасность, либо ей может стать некая непредвиденная закономерность. Два или несколько событий, связанных этой общей причиной, могут произойти одновременно[17]. В качестве примера можно привести цунами как общую причину внешнего затопления, внутреннего затопления и внутреннего пожара как трех потенциальных коррелирующих событий, а также электромагнитные помехи как общую причину отключения станции и внутреннего пожара как двух коррелирующих событий.
c) Несвязанные (независимые) события: исходное событие (например, внешняя или внутренняя опасность) возникает независимо от внутренней опасности (но одновременно с ней) без какой-либо общей причины. Примерами могут служить внешнее затопление и независимый внутренний взрыв, а также сейсмическое явление и независимый внутренний пожар.

I.5. Последовательность сочетания опасностей должна использоваться для определения нагрузки и размера опасности, продолжительности ее присутствия и последовательности возникновения других опасностей. Для несвязанных (независимых) событий должен применяться процесс идентификации, охватывающий все прогнозируемые независимо возникающие опасности, когда вторая настолько вероятна, что может возникнуть до того, как последствия предыдущей опасности будут полностью ликвидированы. Коррелирующие опасности возникают в результате одного и того же базового отказа или другой общей причины, и их частота обусловлена этой причиной. Последовательные опасности

---

[17] «Одновременно» в данном случае означает не то, что опасности возникают точно в одно и то же время, а то, что вторая опасность возникает до того, как последствия предыдущей опасности будут полностью ликвидированы.

могут возникать с той же частотой, что и первоначальная опасность, либо с меньшей частотой — в зависимости от развития событий, приводящих к последующим опасностям.

I.6. В процессе идентификации опасностей может быть получен длинный список потенциальных сочетаний, в связи с чем необходимо взять на вооружение прагматичные подходы. Хотя могут постулироваться сочетания, включающие две (или даже более) одновременные опасности, следует разработать критерии отбора, чтобы данный список представлял собой правдоподобный и реалистичный набор проблем, с которыми может столкнуться станция. Эти критерии отбора могут быть детерминистическими, вероятностными либо сочетать в себе и то, и другое. При отборе применяются следующие критерии:

a) сочетание событий неправдоподобно;
b) сочетание событий, даже будучи правдоподобным, не приведет к условиям, выходящим за рамки допущений, уже сделанных при проектировании.

I.7. Желаемым результатом этого процесса является четкое понимание всех уникальных эффектов от сочетаний опасностей, которые должны быть учтены при проектировании станции. Например, в случае внутреннего затопления, если максимальный уровень затопления в помещении, вызванный падением груза или ударом летящего предмета, превышает допускаемый уровень затопления в результате разрыва трубы, то могут потребоваться дополнительные инженерно-конструкторские меры. С другой стороны, если анализ покажет, что анализ существующей опасности (основанный на разрыве трубы) прогнозирует уровень затопления выше того, который может быть вызван летящим предметом или падением груза, то дополнительных инженерно-конструкторских мер не потребуется.

I.8. Для каждой идентифицированной последовательности сочетания опасностей в анализе должна учитываться также любая порча или повреждение КСЭ, важных для безопасности (в том числе защитных барьеров), под воздействием каждой из различных опасностей. Например, для разрыва трубы, приводящего к возникновению летящих предметов и последующему затоплению, при анализе способности защитного барьера выдерживать гидростатические нагрузки от затопления будет необходимо учесть любые повреждения, вызванные последовательными или одновременными опасностями (например, отказ компонентов, находящихся под давлением, способный привести к биению трубы, образованию струй и воздействию давления пара на барьеры или другие КСЭ, важные для безопасности).

I.9. При изучении вероятности того или иного сочетания опасностей следует учитывать, что исходная опасность может привести станцию в состояние, при котором вероятность возникновения второй опасности будет выше предполагаемой нормальной частоты ее возникновения.

I.10. Сочетания опасностей могут создавать уникальные проблемы, даже если эти опасности возникают в разных зонах станции или не в одно и то же время. Например, пожар в щитовой может вывести из строя оборудование для изоляции от затопления: это создаст проблему, даже если затопление произойдет в более позднее время или в другом помещении.

I.11. После отбора некоторые сочетания опасностей могут быть выбраны как вероятные, но их все равно будет необходимо оценить в соответствии с конкретными критериями приемлемости.

## Приложение II

# ПОДРОБНЫЕ РУКОВОДЯЩИЕ УКАЗАНИЯ В ОТНОШЕНИИ ВНУТРЕННИХ ПОЖАРОВ

## АНАЛИЗ ПОЖАРНОЙ ОПАСНОСТИ

II.1. Анализ пожарной опасности должен проводиться на основе детерминистического подхода со следующими допущениями:

a) пожар постулируется везде, где может постоянно или временно присутствовать горючий материал;
b) постулируется возникновение только одного пожара в любой конкретный момент времени; последующее распространение огня должно при необходимости рассматриваться как часть этого единичного события;
c) пожар постулируется независимо от того, в каком нормальном эксплуатационном состоянии находится станция — работе на мощности или в режиме останова.

II.2. При анализе пожарной опасности должны учитываться любые вероятные сочетания пожара и других событий, как указывается в приложении I.

II.3. Одновременные не связанные между собой пожары, возникающие в разных пожарных отсеках, особенно если они происходят на многоблочной площадке, необязательно учитывать при проектировании средств противопожарной защиты; однако возможность распространения огня с одного энергоблока на другой или на другую установку на площадке должна быть принята во внимание при анализе пожарной опасности.

II.4. Анализ пожарной опасности должен иметь перед собой следующие цели:

a) определение типа и величины, а также местонахождения и распределения пожарной нагрузки (постоянной и временной) и потенциальных источников зажигания в помещении или зоне станции;
b) идентификацию соответствующих узлов, важных для безопасности, и установление местонахождения отдельных компонентов (например, кабелей управления или силовых кабелей) в пожарных отсеках;

c) анализ предполагаемого роста и последствий пожара для узлов, важных для безопасности. Следует четко указать допущения и ограничения, применимые к методам анализа;
d) определение необходимого предела огнестойкости противопожарных преград. В частности, анализ пожарной опасности должен использоваться для определения необходимого предела огнестойкости границ пожарных отсеков;
e) определение пассивных и активных средств противопожарной защиты, необходимых для обеспечения пожарной безопасности;
f) выявление случаев, в которых необходимы дополнительные противопожарные преграды или противопожарная защита, в частности при отказах по общей причине, чтобы гарантировать, что необходимые функции узлов, важных для безопасности после пожара, не будут нарушены во время вероятного пожара и после него. Более того, в тех зонах станции, где невозможно устроить пожарные отсеки, анализ пожарной опасности должен использоваться для определения количества пассивных и активных средств защиты, необходимых для разделения пожарных секций (метод воздействия на пожар).

II.5. Следует оценить вторичные эффекты от пожаров и пожаротушения, чтобы убедиться, что они не окажут негативного влияния на безопасность.

II.6. Подробные руководящие указания по проведению анализа пожарной опасности приведены в [20].

II.7. Анализ пожарной опасности должен дополняться вероятностной оценкой пожарной безопасности, которая используется на многих атомных электростанциях для идентификации и ранжирования рисков возникновения пожара. Вероятностная оценка безопасности также может использоваться на стадии проектирования для обоснования принимаемых решений при определении планировки станции и проектировании противопожарных систем на основе детерминистического подхода. Рекомендации по использованию вероятностной оценки безопасности приведены в публикации Серии норм безопасности МАГАТЭ, № SSG-3, «Разработка и применение вероятностной оценки безопасности уровня 1 для атомных электростанций» [21].

## ПРОТИВОПОЖАРНЫЕ ПРЕГРАДЫ

II.8. Общее назначение противопожарных преград на атомных электростанциях — создание границы вокруг некоего пространства (например, пожарного отсека), которая обладает доказанной способностью выдержать и локализовать ожидаемый пожар, не позволяя огню распространиться на материалы или предметы, находящиеся на той стороне противопожарной преграды, которая не вступает в контакт с огнем, или причинить им иной прямой или косвенный ущерб. Предполагается, что противопожарная преграда будет выполнять эту функцию независимо от действий по тушению пожара.

II.9. Огнестойкость противопожарных преград характеризуется устойчивостью, целостностью и изолирующей способностью в условиях пожара. Этим характеристикам соответствуют следующие физические критерии:

a) механическая прочность;
b) способность противостоять пламени, горячим газам и легковоспламеняющимся газам;
c) теплоизолирующая способность, которая считается удовлетворительной, если температура поверхности, не вступающей в контакт с огнем, остается ниже установленного значения (например, 140°C в среднем и 180°C в любой отдельно взятой точке) в течение определенного периода времени.

Следует также убедиться в отсутствии соответствующих выбросов легковоспламеняющихся газов с поверхности, не вступающей в контакт с огнем.

II.10. Противопожарные преграды можно классифицировать по следующим трем эксплуатационным критериям, в зависимости от их конкретной функции и потенциальной роли при пожаре:

a) несущая способность (устойчивость): способность образца несущего элемента выдерживать тестовую нагрузку, когда это необходимо, без превышения заданных критериев степени деформации, скорости деформации или того и другого одновременно;
b) целостность: способность образца разделительного элемента локализовать огонь с учетом заданных критериев обрушения и отсутствия отверстий, трещин и разрывов, а также устойчивого

образования пламени на поверхности, не вступающей в контакт с огнем;

c) изолирующая способность: способность образца разделительного элемента ограничивать рост температуры поверхности, не вступающей в контакт с огнем, уровнями ниже заданных.

II.11. В рамках каждой из категорий, указанных в пункте II.10, классификация компонентов по огнестойкости выражается в виде предела (в минутах или часах), соответствующего периоду времени, в течение которого компоненты продолжают выполнять свои функции, проходя программу тепловых испытаний в соответствии со стандартами Международной организации по стандартизации (см. [22]) или другими соответствующими стандартами.

II.12. В анализе пожарной опасности должны быть указаны конкретные функции (несущая способность, целостность и изолирующая способность) и пределы огнестойкости (например, 90 минут, 120 минут, 180 минут) элементов противопожарных преград (например, стен, потолков, полов, дверей, клапанов, заполнений проемов).

**Метод локализации пожара**

II.13. Пожарный отсек — это здание или часть здания, которое полностью окружено огнестойкими преградами: всеми стенами, полом и потолком. Предел огнестойкости преград должен быть достаточно высоким, для того чтобы полное сгорание (т.е. полное выгорание) пожарной нагрузки в отсеке могло произойти без нарушения противопожарных преград.

II.14. Резервные узлы, важные для безопасности, следует размещать в отдельных пожарных отсеках, чтобы реализовать принцип разнесения, описанный в разделе 4, и отделить их от высоких пожарных нагрузок и других опасных факторов пожара. Этот предпочтительный метод называется «методом локализации пожара». Удерживание огня внутри пожарного отсека должно предотвратить распространение огня и его (прямых и косвенных) эффектов из одного пожарного отсека в другой и тем самым предотвратить отказ резервных узлов, важных для безопасности. Разделение, обеспечиваемое противопожарными преградами, не должно нарушаться под воздействием пожара и побочных эффектов пожара, а также под воздействием возникающего при пожаре давления на общие элементы здания, такие как инженерные коммуникации и вентиляционные системы.

II.15. Поскольку любой проем в преграде может снизить ее общую эффективность и надежность, количество таких проемов, в частности между разными резервными секциями, должно быть сведено к минимуму. Предел огнестойкости всех устройств для закрытия проходов, таких как двери, воздуховоды, люки, уплотнения вводов труб и кабелей, которые являются частью противопожарной преграды и границы пожарного отсека, должен быть как минимум равен пределу огнестойкости, требующемуся для самой противопожарной преграды.

II.16. При использовании метода локализации пожара устанавливать системы пожаротушения, удовлетворяющие требованию 17 и требованиям, изложенным в пункте 5.16 SSR-2/1 (Rev. 1) [1], не требуется (см. также пункты 4.30–4.34). Тем не менее такие средства следует устанавливать там, где существует высокая пожарная нагрузка, определенная по итогам анализа пожарной опасности, чтобы можно было в кратчайший срок локализовать пожар.

II.17. Полномасштабному применению метода локализации пожара во всей конструкции атомной электростанции могут помешать другие проектные требования. Это может произойти, к примеру, в следующих местах:

a) в таких местах, как гермозона реактора и пункты управления определенных конструкций, где резервные секции систем безопасности могут находиться близко друг к другу в одном пожарном отсеке;
b) в зонах, где использование конструкций для возведения противопожарных преград может создать неоправданные помехи для выполнения обычных станционных задач, таких как техническое обслуживание станции, доступ к оборудованию и осмотр в процессе эксплуатации.

В зонах, где использовать отдельные пожарные отсеки для разделения узлов, важных для безопасности, невозможно, защита может быть обеспечена за счет размещения этих узлов в отдельных пожарных секциях. Это называется «методом воздействия на пожар». На рис. 1 показано применение метода локализации пожара и метода воздействия на пожар.

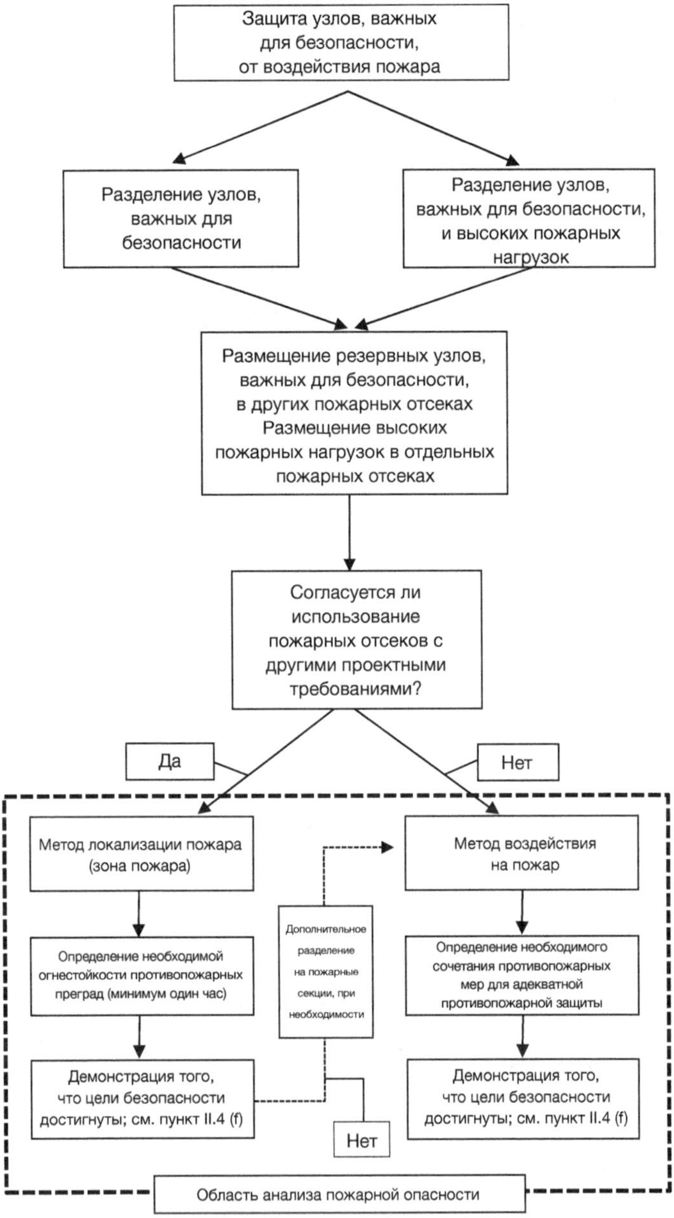


*РИС. 1. Применение метода локализации пожара и метода воздействия на пожар.*

**Метод воздействия на пожар**

II.18. Пожарные секции — это отдельные зоны, в которых размещаются резервные узлы, важные для безопасности. Поскольку пожарные секции могут быть не полностью окружены противопожарными преградами, распространение огня между секциями должно предотвращаться при помощи других средств защиты. К этим средствам относятся:

a) ограничение количества горючих материалов;
b) разделение оборудования противопожарным разрывом, в котором отсутствуют горючие материалы;
c) применение локальных пассивных аттестованных средств противопожарной защиты, таких как противопожарные экраны или кабельные обмотки;
d) установка систем обнаружения и тушения пожара.

II.19. Для достижения удовлетворительного уровня защиты можно использовать сочетание активных и пассивных средств; например, в анализе пожарной опасности наряду с системой пожаротушения должно быть предусмотрено использование противопожарных преград (стен, потолков, полов, дверей, клапанов, заполнений проемов и кабельных обмоток) и указан их предел огнестойкости.

II.20. Анализ пожарной опасности должен показывать, что принятых мер защиты достаточно для предотвращения выхода из строя резервных узлов, важных для безопасности, которые размещены в отдельных пожарных секциях.

II.21. Если разделение противопожарным разрывом является единственным средством защиты пожарных секций, анализ пожарной опасности должен показывать, что ни лучистый или конвективный тепловой поток, ни побочные эффекты пожара не поставят под угрозу этот разрыв.

## ПУТИ ДОСТУПА И ПУТИ ЭВАКУАЦИИ

II.22. Необходимо предусмотреть адекватные пути доступа и эвакуации персонала с учетом требований национальных строительных норм и правил, противопожарных норм и правил для предотвращения несчастных случаев, а также рекомендаций настоящего Руководства по безопасности. В идеале необходимо предусмотреть как минимум два пути эвакуации из каждого здания. Для каждого пути должны быть выполнены следующие общие условия:

a) пути доступа и пути эвакуации должны быть защищены от воздействия пожара и побочных эффектов пожара. К защищенным путям доступа и путям эвакуации относятся лестничные клетки и проходы, ведущие к выходу из здания;
b) на путях доступа и путях эвакуации не должны складироваться никакие материалы;
c) в соответствующих местах на путях доступа и путях эвакуации должны быть размещены огнетушители, как того требуют национальные нормы;
d) пути доступа и пути эвакуации должны иметь четкую и стойкую маркировку и должны быть легко узнаваемы. Маркировка путей доступа и путей эвакуации должна показывать кратчайшие безопасные пути;
e) на всех лестничных клетках должен быть четко указан уровень или номер этажа;
f) на путях доступа и путях эвакуации должно быть предусмотрено аварийное освещение;
g) во всех местах, определенных в анализе опасности (т.е. в анализе пожарной опасности), и на всех путях эвакуации и выходах из здания должны иметься соответствующие средства для подачи сигнала тревоги (например, пункты вызова пожарной охраны);
h) должна иметься возможность вентиляции путей доступа и эвакуации механическим или другим способом с целью предотвратить скопление дыма и облегчить доступ;
i) лестничные клетки, служащие путями доступа и путями эвакуации, должны быть свободны от всех горючих материалов. Для того чтобы на лестничной клетке не было дыма, может потребоваться вентиляция с подпором. Рекомендуется предусмотреть возможность удаления дыма из коридоров и помещений, ведущих к лестничным клеткам. В случае высоких, многоэтажных лестничных клеток следует рассмотреть возможность разделения лестничной клетки на секции;
j) двери, ведущие на лестничные клетки или пути доступа и эвакуации, должны автоматически закрываться и иметь механизм самоблокировки, а также открываться в направлении эвакуации;
k) должны быть предусмотрены средства, позволяющие быстро эвакуироваться из гермозоны реактора через воздушные шлюзы. Эти меры должны быть адекватными для эвакуации максимального

количества персонала, который, как ожидается, будет присутствовать в периоды технического обслуживания и останова;

l) для всех путей доступа и путей эвакуации должна быть предусмотрена надежная система связи;

m) все системы аварийного освещения должны быть постоянно подключены к электросети и снабжены источниками бесперебойного аварийного питания.

## ЗАЩИТА ОТ ВОЗГОРАНИЯ ЭЛЕКТРИЧЕСКИХ КАБЕЛЕЙ

II.23. Электрические кабели с изоляцией из органических материалов, которые в большом количестве присутствуют на атомных электростанциях, представляют собой крупный источник горючего материала. Влияние возгорания электрических кабелей на узлы, важные для безопасности, должно быть определено в анализе пожарной опасности.

II.24. Для ограничения серьезных последствий возгорания кабелей применяются различные инженерно-конструкторские методы. Среди них можно выделить следующие:

a) защита электрических цепей от перегрузок и коротких замыканий;

b) ограничение общего количества горючих материалов, используемых при прокладке кабелей;

c) снижение относительной горючести изоляции кабелей;

d) обеспечение противопожарной защиты для ограничения распространения огня;

e) обеспечение разделения между кабелями резервных секций систем безопасности, а также между силовыми кабелями и кабелями управления.

II.25. Для ограничения серьезных последствий возгорания кабелей должны применяться следующие инженерно-конструкторские методы:

a) обеспечение противопожарной защиты для ограничения распространения огня;

b) обеспечение разделения между кабелями резервных секций систем безопасности;

c) разнесение силовых кабелей и кабелей управления, насколько это практически возможно. Там, где разнесение невозможно, может быть целесообразным их разделение.

II.26. Необходимо следить за тем, чтобы кабели, обслуживающие важные для безопасности узлы, не прокладывались над специально устроенными местами для хранения или другими зонами повышенной пожарной опасности.

### Контроль возгорания кабелей

II.27. Следует установить контроль над количеством горючей кабельной изоляции (например, полимерной) на кабельных лотках и внутри кабельных трасс. Этот контроль необходим для того, чтобы пожарная нагрузка не превышала нормированного предела огнестойкости противопожарных преград отсеков, и для минимизации скорости распространения огня по кабельным лоткам. Контроль должен предполагать установление ограничений на количество и размеры кабельных лотков и/или загрузку в них изолирующих материалов и должен соответствовать характеристикам горения используемых кабелей.

### Огневые испытания кабелей

II.28. Методы аттестационных испытаний огнестойких электрических кабелей варьируются в зависимости от национальных норм, но крупномасштабные испытания кабелей на распространение пламени часто предполагают поднесение вертикальных или горизонтальных образцов кабеля к горящему источнику зажигания. К числу важных переменных, связанных с огневыми испытаниями кабелей, можно отнести следующие:

a) общее количество кабелей как источника зажигания;
b) расположение кабелей, в частности схемы с несколькими кабельными лотками;
c) устойчивость к воспламенению;
d) степень распространения огня;
e) расход воздуха;
f) теплоизоляция корпуса;
g) токсичность и коррозионная активность, связанная с дымообразованием.

**Противопожарная защита кабелей**

II.29. В некоторых обстоятельствах для защиты электрических кабелей от огня следует предусмотреть специальные пассивные меры защиты. К таким мерам относятся:

a) покрытия кабелей, снижающие вероятность воспламенения и задерживающие распространение пламени;
b) кабельные обмотки для отделения кабелей от других пожарных нагрузок и от других систем и/или узлов, важных для безопасности;
c) противопожарные преграды для ограничения распространения пламени.

Поскольку эти меры могут привести к перегреву кабеля и снижению номинальных значений текущей нагрузки, данные факторы должны быть приняты во внимание при выборе используемых материалов.

II.30. Потенциальное воздействие возгорания кабелей можно уменьшить, предусмотрев соответствующее разнесение с использованием метода локализации пожара (см. пункты II.13–II.17).

II.31. В некоторых случаях разделение физическим разрывом, в котором отсутствуют горючие материалы (само по себе или в сочетании с мерами пожарной безопасности), может обеспечить достаточно надежную защиту, для того чтобы исключить повреждение резервных узлов, важных для безопасности, в результате единичного вероятного пожара. Указать какое-либо одно минимальное расстояние, которое обеспечит адекватное безопасное разделение при любых обстоятельствах, не представляется возможным; адекватность разделения должна определяться скорее путем вдумчивого анализа конкретной ситуации.

II.32. Предпочтительным подходом к разделению резервных секций системы безопасности должен быть метод локализации пожара.

## СИСТЕМЫ ОБНАРУЖЕНИЯ ПОЖАРА И ПОЖАРНОЙ СИГНАЛИЗАЦИИ

II.33. Характер систем обнаружения пожара и пожарной сигнализации, их расположение, необходимое время реакции и характеристики извещателей, включая их диверсификацию, должны определяться анализом пожарной опасности или требованиями к проектированию системы.

II.34. Системы обнаружения пожара и пожарной сигнализации должны передавать на пункт управления информацию о местонахождении и распространении пожара посредством звуковых и визуальных тревожных сигналов. При необходимости в зонах станции, где обычно присутствует персонал, должны быть также установлены местные системы звуковой и визуальной сигнализации. Пожарная сигнализация должна отличаться от других, чтобы ее нельзя было спутать с любой другой сигнализацией на станции.

II.35. Системы обнаружения и сигнализации должны работать на постоянной основе и должны быть снабжены источниками бесперебойного аварийного питания, включая, при необходимости, огнестойкие силовые кабели. Рекомендации по аварийным системам электроснабжения содержатся в SSG-34 [7].

II.36. Отдельные извещатели должны располагаться таким образом, чтобы поток воздуха, вызванный вентиляцией или разницей давлений, что необходимо для борьбы с загрязнением, не приводил к оттоку дыма или тепловой энергии от извещателей и, таким образом, к неоправданной задержке срабатывания сигнализации извещателя. Пожарные извещатели должны также располагаться таким образом, чтобы не допускать подачи ложных сигналов из-за воздушных потоков, возникающих при работе вентиляционной системы. Если это возможно, это должно быть проверено испытанием на месте.

II.37. При выборе и установке оборудования для обнаружения пожара следует учитывать внешнюю среду, в которой будет функционировать это оборудование (например, с точки зрения радиационных полей, влажности, температуры и воздушных потоков). Если условия внешней среды не позволяют разместить извещатели непосредственно в защищаемой зоне (например, из-за повышенных уровней радиации или высоких температур), следует рассмотреть альтернативные методы, такие как отбор проб атмосферного воздуха из защищаемой зоны для анализа удаленными извещателями с автоматическим управлением.

II.38. В отношении проводки для систем обнаружения пожара, систем сигнализации или систем подключения должны приниматься следующие меры:

a) защита от воздействия огня за счет выбора подходящего типа кабеля, правильной прокладки, петлевой конфигурации или других средств;
b) защита от механических повреждений;
c) постоянный контроль целостности и работоспособности.

**Выбор и расположение извещателей**

II.39. Следует тщательно выбирать типы устанавливаемых пожарных извещателей, а также их расположение и ориентацию, чтобы гарантировать, что извещатели будут надлежащим образом срабатывать в случае пожара. На реакцию пожарных извещателей на распространение пожара влияет множество факторов, в том числе следующие:

a) интенсивность горения;
b) скорость изменения интенсивности горения;
c) характеристики горящих материалов;
d) высота потолка;
e) ориентация и расположение извещателей;
f) расположение стен;
g) ориентация всех препятствий на пути газового потока;
h) вентиляция помещения;
i) характеристики реакции извещателя.

II.40. Необходимо провести анализ, чтобы оценить эффективность выбранного типа и расположения пожарных извещателей.

**Средства пожаротушения**

*Стационарные средства пожаротушения*

II.41. Атомные электростанции должны быть оснащены стационарным оборудованием для пожаротушения. К нему должны относиться средства для ручного пожаротушения, такие как пожарные гидранты и сухотрубы.

II.42. В ходе анализа пожарной опасности должна быть определена необходимость установки автоматических систем пожаротушения, таких как спринклеры; разбрызгиватели; пеногонные установки, системы тушения тонкораспыленной водой или газом; системы сухого химического тушения. Критерии проектирования систем пожаротушения должны основываться на результатах анализа пожарной опасности, что гарантирует адекватность проектных решений для каждой пожарной опасности, от которой осуществляется защита.

II.43. Системы пожаротушения должны проектироваться и размещаться таким образом, чтобы ни преднамеренное, ни ложное срабатывание этих систем не ставило под угрозу выполнение функций КСЭ, важных для безопасности (в том числе средств безопасности для запроектных условий).

II.44. При проектировании следует учесть возможность ошибок при эксплуатации систем пожаротушения. Следует также учесть влияние выбросов из систем пожаротушения в местах, прилегающих к пожарному отсеку, где начался пожар.

II.45. При выборе типа устанавливаемой системы пожаротушения следует учитывать необходимое время срабатывания, характеристики, определяющие ее способность тушить пожар (например, тепловой удар), а также последствия работы системы для персонала станции и узлов, важных для безопасности, которые установлены в ходе анализа пожарной опасности.

II.46. Вообще говоря, в зонах с высокой пожарной нагрузкой, где существует вероятность значительного разрастания пожара и где необходимо охлаждение, следует отдавать предпочтение системам водяного пожаротушения. В помещениях для разводки кабелей и складских зонах, а также для защиты оборудования, содержащего большое количество масла, например турбогенераторов и трансформаторов с масляным охлаждением, следует использовать автоматические спринклеры, системы тушения тонкораспыленной водой, разбрызгиватели и дренчерные системы, а также пеногонные системы на водяной основе. Системы тушения тонкораспыленной водой и пеногонные установки отличаются большей сложностью. Преимущество систем на основе тонкораспыленной воды состоит в том, что для локализации пожара требуется меньшее количество воды. Системы газового пожаротушения обычно используются в тех местах, где находятся шкафы управления электрооборудованием и другие электротехнические устройства, которые могут быть повреждены водой.

II.47. С точки зрения быстрого приведения в действие и доступности в момент возникновения пожара предпочтительны автоматические системы пожаротушения. Однако следует предусмотреть возможность ручного приведения в действие автоматических систем. Следует также предусмотреть возможность ручного отключения автоматических систем, чтобы остановить ложный сброс воды или взять под контроль сток воды или другие побочные эффекты.

II.48. Использование одних лишь ручных систем пожаротушения приемлемо только в том случае, если оценка в рамках анализа пожарной опасности покажет, что предполагаемая задержка с приведением в действие ручных устройств не повлечет за собой недопустимо большого ущерба.

II.49. Любая стационарная система пожаротушения, приводимая в действие исключительно вручную, должна быть рассчитана на то, чтобы выдержать воздействие пожара в течение времени, достаточного для ее ручного приведения в действие.

II.50. Все компоненты любой системы электрического включения и электропитания систем пожаротушения, кроме самих устройств обнаружения, должны быть защищены от огня или должны находиться вне пожарных отсеков, защищаемых этими системами. При отказе электропитания должен быть подан тревожный сигнал.

II.51. При вводе в эксплуатацию всех систем пожаротушения обычно требуется провести эксплуатационные испытания — в виде проверки фактического сброса воды либо с помощью эквивалентных методов.

II.52. Чтобы гарантировать, что системы и компоненты противопожарной защиты работают корректно и соответствуют проектным требованиям, должна быть введена официальная программа технического обслуживания, испытаний и инспекций. Дополнительные рекомендации по реализации этой программы приведены в публикации Серии норм безопасности МАГАТЭ, № NS-G-2.1, «Пожарная безопасность при эксплуатации атомных электростанций» [23].

*Системы водяного пожаротушения*

II.53. Системы водяного пожаротушения должны быть постоянно подключены к надежному и достаточному по объему источнику воды для пожаротушения.

II.54. Автоматические системы водяного пожаротушения включают в себя спринклеры, разбрызгиватели, дренчерные, пеногонные системы и системы тушения тонкораспыленной водой. В зависимости от результатов анализа пожарной опасности автоматическая защита должна быть предусмотрена во всех местах, где выполняется одно из следующих условий:

a) присутствует высокая пожарная нагрузка;
b) существует вероятность быстрого распространения огня;
c) пожар может причинить вред резервным узлам, важным для безопасности;
d) может возникнуть неприемлемая опасность для пожарных;
e) неконтролируемый пожар затруднит доступ для пожарных.

II.55. Если анализ пожарной опасности показывает, что одна только вода может оказаться неподходящим средством для успешной нейтрализации опасности (например, в случае ее применения к легковоспламеняющимся жидкостям), следует рассмотреть возможность применения систем, использующих огнетушащую пену.

II.56. В дополнение к ожидаемому воздействию пожара, определенному в ходе анализа пожарной опасности, при проектировании спринклерных систем следует учитывать различные факторы, такие как надлежащий тип и расположение спринклерных головок или распылительных форсунок.

II.57. Составные части водяных систем должны изготавливаться из совместимых материалов, чтобы избежать гальванической коррозии.

II.58. При использовании систем водяного пожаротушения необходимо предусмотреть средства для локализации потенциально загрязненной воды, а также соответствующие водостоки для предотвращения неконтролируемой утечки радиоактивного материала в окружающую среду.

*Системы пожарных гидрантов, сухотрубов и рукавов*

II.59. Здания реакторов должны быть оснащены системой пожарных сухотрубов и рукавов (сухие стояки).

II.60. Система пожарных гидрантов реакторного здания должна приводиться в действие на месте или дистанционно.

II.61. Распределительный контур пожарных гидрантов должен адекватно обеспечивать операции по наружному пожаротушению во всех зданиях. Во всех внутренних зонах станции должны быть предусмотрены внутренние сухотрубы с достаточным количеством пожарных рукавов достаточной длины, с соединениями и принадлежностями, соответствующими уровню опасности, если только анализом пожарной опасности не будет должным образом обоснована иная схема.

II.62. Каждый рукав гидранта и сухотруб должны иметь соединения, совместимые с пожарным оборудованием на площадке и за ее пределами.

II.63. В стратегически важных точках по всей территории станции, определенных в анализе пожарной опасности, должны быть размещены соответствующие принадлежности, такие как пожарные рукава, переходники, устройства для смешивания пены и пожарные стволы. Эти принадлежности должны быть совместимы с теми, которыми пользуются внешние службы пожарной охраны.

II.64. Подача воды для пожаротушения в каждое отдельное здание должна обеспечиваться не менее чем двумя независимыми гидрантами. Каждая подводка к зданию должна быть снабжена запорным клапаном с индикатором положения.

*Система водоснабжения средств пожаротушения*

II.65. Главный контур системы водоснабжения средств пожаротушения должен быть рассчитан на то, чтобы удовлетворить предполагаемую потребность в воде: см. пункт II.70. Подача воды к средствам пожаротушения должна осуществляться через главный контур таким образом, чтобы вода могла поступать к каждому соединению с двух направлений.

II.66. Необходимо предусмотреть клапаны для изоляции воды в отдельных частях главного контура. Должны быть предусмотрены местные визуальные индикаторы открытого или закрытого положения клапанов. Клапаны в главном контуре должны быть расположены таким образом, чтобы закрытие одного клапана не приводило к полной потере работоспособности системы пожаротушения в любом отдельно взятом пожарном отсеке, если только это не следует из рекомендаций анализа пожарной опасности. Клапаны контура, подающего воду для пожаротушения, должны быть расположены на достаточном расстоянии от источника опасности, защиту от которой они обеспечивают, чтобы не пострадать от пожара в этой зоне.

II.67. Система водоснабжения системы пожаротушения должна использоваться только для нужд пожаротушения. Эта система водоснабжения не должна подключаться к трубопроводам систем технической или санитарной воды, кроме как для использования их в качестве резервного источника воды для пожаротушения или для выполнения функции безопасности, направленной на смягчение последствий аварии. Такие соединения должны быть снабжены запорным клапаном, который блокируется в закрытом положении, или системой контроля положения во время нормальной работы.

II.68. На многоблочной площадке главный контур противопожарного водоснабжения может обслуживать более одного реактора, и для таких установок могут использоваться общие источники водоснабжения.

II.69. На площадках, где для подачи необходимого количества воды требуется использование насосов, пожарные насосы должны отвечать принципам резервирования, неодинаковости и разделения (т.е. с точки зрения противопожарной защиты), чтобы обеспечить адекватную работоспособность в случае отказа оборудования. Пожарные насосы должны иметь независимые системы управления, автоматический пуск и ручное отключение, разные источники питания, обеспечиваемого системой аварийного энергоснабжения станции и независимыми первичными двигателями (см. SSG-34 [7]). На пункте управления должна быть предусмотрена индикация работы насосов, а также сигнализация, указывающая на отключение питания или неисправность пожарных насосов. В зонах, подверженных замерзанию, следует также предусмотреть сигнализацию, указывающую на низкую температуру.

II.70. Система водоснабжения системы пожаротушения должна проектироваться в расчете на максимальный ожидаемый расход воды необходимого напора в течение минимального периода времени, необходимого для локализации пожара. Этот расход, рассчитанный на основе анализа пожарной опасности, должен складываться из максимальной потребности в воде любой стационарной системы пожаротушения и достаточного запаса воды для ручного пожаротушения. При проектировании системы водоснабжения системы пожаротушения следует учитывать минимальное значение напора на самом высоком выходном отверстии на станции. Следует учесть все ситуации, когда необходимо предотвратить замерзание при низких температурах. Следует рассмотреть возможность обогрева трубопроводов или принятия других мер по предотвращению замерзания уязвимых трубопроводов.

II.71. Необходимо предусмотреть два отдельных надежных источника водоснабжения. При наличии только одного источника воды он должен быть достаточно крупным (например, озеро, пруд или река), и необходимо предусмотреть как минимум два независимых водозабора. При наличии только резервуаров для воды следует установить два резервуара, каждый из которых сможет целиком удовлетворить потребность системы в воде. Мощность главного источника водоснабжения станции должна быть достаточно большой, для того чтобы любой из резервуаров можно было пополнить в течение достаточно короткого времени. Должна иметься возможность соединения резервуаров, чтобы насосы могли забирать воду из любого резервуара или из обоих резервуаров одновременно. Должна иметься возможность изоляции каждого резервуара в случае протечки. Резервуары должны быть оснащены патрубками для подключения пожарного насоса.

II.72. Если для нужд противопожарной защиты и в качестве конечного поглотителя тепла используется общий источник водоснабжения, то должны быть выполнены также следующие условия:

a) необходимый объем воды для противопожарной системы должен быть выделенной частью общего водного запаса;
b) неисправность или эксплуатация системы противопожарной защиты не должны влиять на подачу воды для конечного поглотителя тепла (или наоборот), в том числе и при сочетаниях событий.

II.73. Если это необходимо, следует принять меры по недопущению засорения спринклеров или их форсунок мусором, биологическими отложениями или продуктами коррозии (например, путем химической обработки, дополнительной фильтрации).

II.74. Необходимо предусмотреть возможность осмотра оборудования для подачи воды, такого как фильтры, концевые соединения, головки спринклеров и распылительные форсунки. Потоки воды должны регулярно проверяться на расход для подтверждения того, что система сохраняет способность выполнять заданные функции в течение всего срока службы станции. Необходимо принять меры предосторожности. чтобы не допустить повреждения электрооборудования водой во время тестирования.

*Системы газового пожаротушения*

II.75. Системы газового пожаротушения состоят из газового огнетушащего вещества, источника сжатого газа-вытеснителя, соответствующей распределительной сети, выпускных сопел и средств обнаружения и/или приведения в действие. Эти системы могут приводиться в действие вручную в месте возникновения опасности либо дистанционно или автоматически системой обнаружения.

II.76. Газовые огнетушащие вещества обычно называют «чистыми», поскольку они не оставляют следов после применения. Поскольку они также не проводят электричество, их характеристики позволяют использовать их для защиты электрооборудования. Существует несколько типов систем газового пожаротушения, а еще несколько находятся в стадии разработки. Преимущества систем пожаротушения чистыми веществами компенсируются такими недостатками, как необходимость поддерживать концентрацию вещества, сложность систем, их неспособность обеспечивать охлаждение и одноразовый характер работы.

II.77. Системы, работающие на диоксиде углерода, и все прочие газовые системы, которые могут создать опасность для персонала, никогда не должны использоваться для защиты зон, в которых обычно находятся люди.

II.78. Как правило, существует два способа защиты при помощи газовых огнетушащих веществ: локальное применение, когда вещество выпускается в сторону источника опасности или конкретного оборудования, и объемное тушение, когда вещество выпускается в пожарный отсек или внутрь защитного корпуса оборудования, например распределительного устройства. Некоторые огнетушащие вещества непригодны для локального применения.

II.79. При применении систем газового пожаротушения необходимо учитывать нижеследующие соображения.

a) При определении необходимости использования систем газового пожаротушения следует учитывать тип пожара, возможные химические реакции с другими материалами, воздействие на угольные фильтры, а также токсические и коррозионные характеристики продуктов термического разложения и самих огнетушащих веществ.
b) Системы газового пожаротушения не следует использовать там, где необходимо охлаждение, например для тушения значительно

разросшегося пожара, в частности в зонах с высокой пожарной нагрузкой, создаваемой материалом электрических кабелей. При использовании газовых огнетушащих веществ следует учитывать возможность повторного воспламенения, если концентрация огнетушащего вещества упадет ниже минимально необходимого уровня, прежде чем остатки горючего материала в достаточной степени остынут.

c) Общий объем любого газового огнетушащего вещества должен быть достаточно большим для тушения пожара. Обычно это достигается (за исключением галогенизированных веществ) путем его разбавления кислородом. При определении необходимого количества огнетушащего вещества следует учитывать герметичность корпуса, необходимую концентрацию этого вещества для данной опасности, скорость применения и период, в течение которого должна поддерживаться расчетная концентрация.

d) Чтобы избежать избыточного давления, которое может привести к повреждению конструкции или оборудования, следует оценить последствия роста давления внутри защищенных корпусов, вызванного выбросом газовых огнетушащих веществ, для конструкции этих корпусов и при необходимости предусмотреть безопасный сброс давления. При выборе методов сброса давления необходимо проявлять осторожность, чтобы не перенести избыточное давление или условия внешней среды в зону сброса.

e) При непосредственной обработке газовыми огнетушащими веществами оборудования, важного для безопасности, следует принять во внимание возможность нанесения повреждений в результате теплового удара. Это может произойти как при локальном ручном применении системы, так и при автоматическом выбросе огнетушащих веществ в шкафы с электрооборудованием. При проектировании необходимо продумать такое расположение форсунок, чтобы не допустить раздувания пламени пожара при начальном выбросе огнетушащего вещества.

II.80. Должны быть приняты соответствующие меры предосторожности для защиты людей, входящих в помещение с опасной атмосферой, которая может возникнуть вследствие непреднамеренной утечки или выброса диоксида углерода или любого другого опасного газа из системы пожаротушения. Такие меры предосторожности включают следующее:

a) меры по предотвращению утечки диоксида углерода или любого другого опасного огнетушащего газа в опасных концентрациях в прилегающие зоны, где может находиться персонал;

b) установку устройств для предотвращения автоматического срабатывания системы, когда персонал находится или может находиться в защищаемой зоне;
c) обеспечение возможности ручного управления системой из-за пределов защищаемой зоны;
d) подачу непрерывного сигнала тревоги после выброса газа в районе входов в защищаемые помещения, до тех пор пока атмосфера не придет в норму;
e) непрерывную работу системы обнаружения пожара и пожарной сигнализации, до тех пор пока атмосфера не придет в норму (это может помочь избежать преждевременного повторного входа в помещение, пока огонь еще не погас, и защитить персонал от токсичных газов);
f) установку средств для вентиляции защищаемых помещений после срабатывания системы газового пожаротушения. Для того чтобы опасная для персонала атмосфера рассеялась и не перешла в другие зоны, часто бывает необходима принудительная вентиляция.

II.81. Метод объемного тушения основан на быстром и равномерном распределении газа по всему заполняемому пространству. Обычно это достигается в течение 10–30 секунд с момента приведения системы в действие благодаря использованию специальных форсунок и системы, разработанной по собственным спецификациям. Быстрое распределение газа особенно важно в тех случаях, когда газовое огнетушащее вещество тяжелее воздуха, для сведения к минимуму стратификации газа в занятом пространстве и его потенциально более быстрой утечки.

*Системы порошкового и химического пожаротушения*

II.82. Системы порошкового и химического пожаротушения состоят из запаса порошкового или химического огнетушащего вещества, источника сжатого газа-вытеснителя, соответствующей распределительной сети, выпускных сопел и средств обнаружения и/или приведения в действие. Эти системы могут приводиться в действие вручную в месте возникновения опасности либо дистанционно или автоматически системой обнаружения. Указанные системы обычно используются для борьбы с возгораниями легковоспламеняющихся жидкостей и некоторыми пожарами, связанными с электрооборудованием. Эти огнетушащие вещества не следует использовать на чувствительном электрооборудовании, поскольку их применение обычно имеет коррозионный эффект.

II.83. Выбранный тип порошка или химического вещества должен быть совместим с горючим материалом и/или опасностью. Для борьбы с возгораниями металлов должны использоваться специальные порошки.

II.84. Следует внимательно отнестись к использованию порошковых систем в потенциально загрязненных зонах, поскольку дезактивация после их применения может быть затруднена из-за остатков загрязненного порошка. Следует также принять в расчет последующее засорение фильтров (например, фильтров вентиляционной системы).

II.85. Следует учесть возможные негативные последствия использования сухих порошков в сочетании с другими системами пожаротушения, например пенного пожаротушения; некоторые сочетания использовать не следует.

II.86. Поскольку сухие порошки не обеспечивают охлаждения и инертной атмосферы и лишь минимально локализуют опасность, следует принять меры предосторожности, чтобы не допустить повторного возгорания или уменьшить его вероятность.

II.87. Системы порошкового пожаротушения сложны в обслуживании. Необходимо принять меры предосторожности, чтобы порошок не спрессовался в контейнере для хранения и чтобы во время выброса вещества не засорялись форсунки.

*Переносные и мобильные средства пожаротушения*

II.88. При необходимости для ручного пожаротушения силами станционного персонала и внешних пожарных расчетов должно быть предусмотрено использование переносных и мобильных огнетушителей подходящего типа и размера для нейтрализации опасностей, от которых они призваны защитить. Вся территория станции должна быть оснащена достаточным количеством переносных и мобильных огнетушителей соответствующего типа, а также запасными частями или устройствами для перезарядки.

II.89. Огнетушители должны быть размещены вблизи мест расположения пожарных рукавов и вдоль путей доступа и эвакуации из пожарных отсеков. Все места расположения огнетушителей должны быть четко обозначены.

II.90. Следует учесть возможные негативные последствия использования огнетушителей, например необходимость уборки после использования порошковых огнетушителей.

II.91. В зонах станции, где существуют потенциальные опасности, связанные с легковоспламеняющимися жидкостями, должны иметься в наличии пенообразующий состав для пожаротушения и переносное оборудование, пригодное для нейтрализации данной опасности.

II.92. Переносные и мобильные огнетушители, заполненные водой или пенным раствором, и другие огнетушащие вещества, обладающие способностью замедлять нейтроны, не должны использоваться в местах, где хранится ядерное топливо, осуществляется обращение с ним или его транзит, если только оценка опасности по критичности не подтверждает, что это безопасно.

*Средства ручного пожаротушения*

II.93. Ручное пожаротушение — важная часть стратегии глубокоэшелонированной противопожарной защиты. Степень зависимости от служб пожарной охраны на площадке и за ее пределами должна быть определена на стадии проектирования. Необходимый арсенал средств ручного пожаротушения будет определяться местоположением площадки и временем реагирования служб пожарной охраны за пределами площадки. Рекомендации в отношении средств ручного пожаротушения приведены в NS-G-2.1 [23].

II.94. Проектом станции должен быть предусмотрен доступ пожарных команд и подразделений пожарной охраны, работающих вне площадки, на тяжелых транспортных средствах.

II.95. Во всех пожарных отсеках должно иметься подходящее аварийное освещение и средства связи для проведения операций по ручному пожаротушению. Они должны быть всегда готовы к работе и подключены к источникам бесперебойного аварийного питания.

II.96. На заранее выбранных станциях должна быть установлена проводная система аварийной связи с надежным источником питания: см. SSG-62 [12].

II.97. На пункте управления и в отдельных местах по всей территории станции должны быть предусмотрены альтернативные средства связи, такие как приемопередающие радиостанции. Кроме того, портативные приемопередающие радиостанции должны иметься у сил пожарной охраны.

II.98. В соответствующих местах должны иметься в наличии автономные дыхательные аппараты, включая запасные баллоны и устройства для их заправки, для использования персоналом, прошедшим надлежащий инструктаж.

II.99. Насколько это практически возможно, расположение станционного оборудования и мест его хранения на станции должно быть спланировано таким образом, чтобы эти места были доступны для пожаротушения.

II.100. Для мест, где находятся узлы, важные для безопасности, должны быть разработаны детальные стратегии пожаротушения.

*Средства для отвода дыма и тепла*

II.101. Необходимо выполнить оценку для определения необходимости удаления дыма и тепла, в том числе потребности в специальных системах отвода дыма и тепла, чтобы локализовать продукты горения и предотвратить распространение дыма, снизить температуру и облегчить ручное пожаротушение.

II.102. При проектировании системы отвода дыма и тепла необходимо учитывать следующие критерии: пожарную нагрузку, характер распространения дыма, видимость, токсичность, доступ сил пожарной охраны, тип используемых стационарных систем пожаротушения и радиологические аспекты.

II.103. Необходимая мощность системы отвода дыма и тепла должна определяться на основе оценок объема дыма и тепла, выделяемого в результате постулируемого пожара, для данного пожарного отсека. Средства для отвода дыма и тепла должны иметься в следующих местах:

a) зонах с высокой пожарной нагрузкой ввиду присутствия электрических кабелей;
b) зонах с высокой пожарной нагрузкой ввиду присутствия легковоспламеняющихся жидкостей;
c) зонах с узлами, важными для безопасности (включая средства безопасности для запроектных условий), в которых обычно

находится эксплуатационный персонал (например, на блочном пункте управления).

# СПИСОК ИСПОЛЬЗОВАННЫХ ИСТОЧНИКОВ

[1] МЕЖДУНАРОДНОЕ АГЕНТСТВО ПО АТОМНОЙ ЭНЕРГИИ, Безопасность атомных электростанций: проектирование, Серия норм безопасности МАГАТЭ, № SSR-2/1 (Rev. 1), МАГАТЭ, Вена (2016).

[2] МЕЖДУНАРОДНОЕ АГЕНТСТВО ПО АТОМНОЙ ЭНЕРГИИ, Глоссарий МАГАТЭ по вопросам безопасности: терминология, используемая в области ядерной безопасности и радиационной защиты, издание 2018 года, МАГАТЭ, Вена (2023).

[3] МЕЖДУНАРОДНОЕ АГЕНТСТВО ПО АТОМНОЙ ЭНЕРГИИ, Рекомендации по физической ядерной безопасности, касающиеся физической защиты ядерных материалов и ядерных установок (INFCIRC/225/Revision 5), Серия изданий МАГАТЭ по физической ядерной безопасности, № 13, МАГАТЭ, Вена (2012).

[4] МЕЖДУНАРОДНОЕ АГЕНТСТВО ПО АТОМНОЙ ЭНЕРГИИ, Классификация конструкций, систем и элементов атомных электростанций по безопасности, Серия норм безопасности МАГАТЭ, № SSG-30, МАГАТЭ, Вена (2023).

[5] МЕЖДУНАРОДНОЕ АГЕНТСТВО ПО АТОМНОЙ ЭНЕРГИИ, Детерминистический анализ безопасности атомных электростанций, Серия норм безопасности МАГАТЭ, № SSG-2 (Rev. 1), МАГАТЭ, Вена (2023).

[6] МЕЖДУНАРОДНОЕ АГЕНТСТВО ПО АТОМНОЙ ЭНЕРГИИ, Проектирование систем контроля и управления для атомных электростанций, Серия норм безопасности МАГАТЭ, № SSG-39, МАГАТЭ, Вена (2018).

[7] INTERNATIONAL ATOMIC ENERGY AGENCY, Design of Electrical Power Systems for Nuclear Power Plants, IAEA Safety Standards Series No. SSG-34, IAEA, Vienna (2016).

[8] AFCEN, EPR Technical Code for Fire Protection, ETC-F 2013, AFCEN, Paris (2013).

[9] INTERNATIONAL ATOMIC ENERGY AGENCY, Design of the Reactor Coolant System and Associated Systems for Nuclear Power Plants, IAEA Safety Standards Series No. SSG-56, IAEA, Vienna (2020).

[10] INTERNATIONAL ATOMIC ENERGY AGENCY, Design of the Reactor Containment and Associated Systems for Nuclear Power Plants, IAEA Safety Standards Series No. SSG-53, IAEA, Vienna (2019).

[11] NUCLEAR REGULATORY COMMISSION, Standard Review Plan: Branch Technical Position 3-4 — Postulated Rupture Locations in Fluid System Piping Inside and Outside Containment, Rep. NUREG-0800, USNRC, Washington, DC (2007).

[12] INTERNATIONAL ATOMIC ENERGY AGENCY, Design of Auxiliary Systems and Supporting Systems for Nuclear Power Plants, IAEA Safety Standards Series No. SSG-62, IAEA, Vienna (2020).

[13] INTERNATIONAL ATOMIC ENERGY AGENCY, Design of Fuel Handling and Storage Systems for Nuclear Power Plants, IAEA Safety Standards Series No. SSG-63, IAEA, Vienna (2020).

[14] INTERNATIONAL ATOMIC ENERGY AGENCY, Seismic Design for Nuclear Installations, IAEA Safety Standards Series No. SSG-67, IAEA, Vienna (в стадии подготовки).

[15] INTERNATIONAL ATOMIC ENERGY AGENCY, Maintenance, Testing, Surveillance and Inspection in Nuclear Power Plants, IAEA Safety Standards Series No. SSG-74, IAEA, Vienna (в стадии подготовки).

[16] AMERICAN SOCIETY OF MECHANICAL ENGINEERS, Rules for Construction of Overhead and Gantry Cranes (Top Running Bridge, Multiple Girder), ASME NOG-1, ASME, New York (2015).

[17] NUCLEAR REGULATORY COMMISSION, Single-Failure-Proof Cranes for Nuclear Power Plants, Rep. NUREG-0554, Office of Standards Development, Washington, DC (1979).

[18] NUCLEAR REGULATORY COMMISSION, Control of Heavy Loads at Nuclear Power Plants, Rep. NUREG-0612, Office of Nuclear Reactor Regulation, Washington, DC (1980).

[19] BUNDESAMT FÜR STRAHLENSCHUTZ, Design of Lifting Equipment in Nuclear Power Plants, KTA Safety Standard KTA 3902 (2012-11 – corrected version 2014-04-08), KTA Geschäftsstelle, Bundesamt für Strahlenschutz, Salzgitter, Germany (2012).

[20] INTERNATIONAL ATOMIC ENERGY AGENCY, Preparation of Fire Hazard Analyses for Nuclear Power Plants, Safety Reports Series No. 8, IAEA, Vienna (1998).

[21] МЕЖДУНАРОДНОЕ АГЕНТСТВО ПО АТОМНОЙ ЭНЕРГИИ, Разработка и применение вероятностной оценки безопасности уровня 1 для атомных электростанций, Серия норм безопасности МАГАТЭ, № SSG-3, МАГАТЭ, Вена (2014).

[22] INTERNATIONAL ORGANIZATION FOR STANDARDIZATION, Classification of Fires, ISO 3941:2007, ISO, Geneva (2007).

[23] МЕЖДУНАРОДНОЕ АГЕНТСТВО ПО АТОМНОЙ ЭНЕРГИИ, Пожарная безопасность при эксплуатации атомных электростанций, Серия норм безопасности МАГАТЭ, № NS-G-2.1, МАГАТЭ, Вена (2004). (Готовится к изданию новая редакция этой публикации.)

# СОСТАВИТЕЛИ И РЕЦЕНЗЕНТЫ

| | |
|---|---|
| Amri, A. | Международное агентство по атомной энергии |
| Bae, Y.B. | Корейский институт ядерной безопасности, Республика Корея |
| Berg, P.-H. | Федеральное управление по безопасности обращения с ядерными отходами (BfE), Германия |
| Bouscasse, M. | Институт радиационной защиты и ядерной безопасности, Франция |
| Eguchi, H. | Управление по ядерному регулированию, Япония |
| Fong, C.J. | Комиссия по ядерному регулированию, Соединенные Штаты Америки |
| Gajdos, M. | Международное агентство по атомной энергии |
| Kasahara, F. | Управление по ядерному регулированию, Япония |
| Katona, T.J. | «МВМ Атомная электростанция "Пакш", лтд.», Венгрия |
| Röwekamp, M. | «Гезельшафт фюр анлаген унд реакторзихерхайт мбх», Германия |
| Williams, G. | Управление по ядерному регулированию, Соединенное Королевство |

IAEA
Международное агентство по атомной энергии

№ 27

# ЗАКАЗ ПУБЛИКАЦИЙ В СТРАНАХ

Платные публикации МАГАТЭ можно приобрести у нашего основного дистрибьютора или в крупных книжных магазинах. Заказы на бесплатные публикации следует направлять непосредственно в МАГАТЭ.

## Заказы на платные публикации

Просьба связаться с местным поставщиком по вашему выбору либо нашим основным дистрибьютором:

**Eurospan**
1 Bedford Row
London WC1R 4BU
United Kingdom

**Торговые заказы и справочная информация:**
Тел.: +44 (0)1235 465576
Эл. почта: trade.orders@marston.co.uk

**Индивидуальные заказы:**
Тел.: +44 (0)1235 465577
Эл. почта: direct.orders@marston.co.uk
www.eurospanbookstore.com/iaea

**Дополнительная информация:**
Тел.: +44 (0) 207 240 0856
Эл. почта: info@eurospan.co.uk
www.eurospan.co.uk

## Заказы на платные и бесплатные публикации можно направлять напрямую по адресу:

Издательская секция (Publishing Section)
Международное агентство по атомной энергии
Vienna International Centre
PO Box 100
1400 Vienna, Austria
Телефон: +43 1 2600 22529 или 22530
Эл. почта: sales.publications@iaea.org
https://www.iaea.org/ru/publikacii

FSC
www.fsc.org
MIX
Papier | Fördert gute Waldnutzung
FSC® C083411

Zeitfracht Medien GmbH
Ferdinand-Jühlke-Straße 7
99095 Erfurt, Deutschland
produktsicherheit@kolibri360.de

# ПРОЕКТИРОВАНИЕ АКТИВНЫХ ЗОН РЕАКТОРОВ АТОМНЫХ ЭЛЕКТРОСТАНЦИЙ

Членами Международного агентства по атомной энергии являются следующие государства:

АВСТРАЛИЯ
АВСТРИЯ
АЗЕРБАЙДЖАН
АЛБАНИЯ
АЛЖИР
АНГОЛА
АНТИГУА И БАРБУДА
АРГЕНТИНА
АРМЕНИЯ
АФГАНИСТАН
БАГАМСКИЕ ОСТРОВА
БАНГЛАДЕШ
БАРБАДОС
БАХРЕЙН
БЕЛАРУСЬ
БЕЛИЗ
БЕЛЬГИЯ
БЕНИН
БОЛГАРИЯ
БОЛИВИЯ, МНОГОНАЦИОНАЛЬНОЕ ГОСУДАРСТВО
БОСНИЯ И ГЕРЦЕГОВИНА
БОТСВАНА
БРАЗИЛИЯ
БРУНЕЙ-ДАРУССАЛАМ
БУРКИНА-ФАСО
БУРУНДИ
ВАНУАТУ
ВЕНГРИЯ
ВЕНЕСУЭЛА, БОЛИВАРИАНСКАЯ РЕСПУБЛИКА
ВЬЕТНАМ
ГАБОН
ГАИТИ
ГАЙАНА
ГАМБИЯ
ГАНА
ГВАТЕМАЛА
ГВИНЕЯ
ГЕРМАНИЯ
ГОНДУРАС
ГРЕНАДА
ГРЕЦИЯ
ГРУЗИЯ
ДАНИЯ
ДЕМОКРАТИЧЕСКАЯ РЕСПУБЛИКА КОНГО
ДЖИБУТИ
ДОМИНИКА
ДОМИНИКАНСКАЯ РЕСПУБЛИКА
ЕГИПЕТ
ЗАМБИЯ
ЗИМБАБВЕ
ИЗРАИЛЬ
ИНДИЯ
ИНДОНЕЗИЯ
ИОРДАНИЯ
ИРАК
ИРАН, ИСЛАМСКАЯ РЕСПУБЛИКА
ИРЛАНДИЯ
ИСЛАНДИЯ
ИСПАНИЯ
ИТАЛИЯ
ЙЕМЕН
КАБО-ВЕРДЕ
КАЗАХСТАН
КАМБОДЖА
КАМЕРУН
КАНАДА
КАТАР
КЕНИЯ
КИПР
КИТАЙ
КОЛУМБИЯ
КОМОРСКИЕ ОСТРОВА
КОНГО
КОРЕЯ, РЕСПУБЛИКА
КОСТА-РИКА
КОТ-Д'ИВУАР
КУБА
КУВЕЙТ
КЫРГЫЗСТАН
ЛАОССКАЯ НАРОДНО-ДЕМОКРАТИЧЕСКАЯ РЕСПУБЛИКА
ЛАТВИЯ
ЛЕСОТО
ЛИБЕРИЯ
ЛИВАН
ЛИВИЯ
ЛИТВА
ЛИХТЕНШТЕЙН
ЛЮКСЕМБУРГ
МАВРИКИЙ
МАВРИТАНИЯ
МАДАГАСКАР
МАЛАВИ
МАЛАЙЗИЯ
МАЛИ
МАЛЬТА
МАРОККО
МАРШАЛЛОВЫ ОСТРОВА
МЕКСИКА
МОЗАМБИК
МОНАКО
МОНГОЛИЯ
МЬЯНМА
НАМИБИЯ
НЕПАЛ
НИГЕР
НИГЕРИЯ
НИДЕРЛАНДОВ, КОРОЛЕВСТВО
НИКАРАГУА
НОВАЯ ЗЕЛАНДИЯ
НОРВЕГИЯ
ОБЪЕДИНЕННАЯ РЕСПУБЛИКА ТАНЗАНИЯ
ОБЪЕДИНЕННЫЕ АРАБСКИЕ ЭМИРАТЫ
ОМАН
ОСТРОВА КУКА
ПАКИСТАН
ПАЛАУ
ПАНАМА
ПАПУА — НОВАЯ ГВИНЕЯ
ПАРАГВАЙ
ПЕРУ
ПОЛЬША
ПОРТУГАЛИЯ
РЕСПУБЛИКА МОЛДОВА
РОССИЙСКАЯ ФЕДЕРАЦИЯ
РУАНДА
РУМЫНИЯ
САЛЬВАДОР
САМОА
САН-МАРИНО
САУДОВСКАЯ АРАВИЯ
СВЯТОЙ ПРЕСТОЛ
СЕВЕРНАЯ МАКЕДОНИЯ
СЕЙШЕЛЬСКИЕ ОСТРОВА
СЕНЕГАЛ
СЕНТ-ВИНСЕНТ И ГРЕНАДИНЫ
СЕНТ-КИТС И НЕВИС
СЕНТ-ЛЮСИЯ
СЕРБИЯ
СИНГАПУР
СИРИЙСКАЯ АРАБСКАЯ РЕСПУБЛИКА
СЛОВАКИЯ
СЛОВЕНИЯ
СОЕДИНЕННОЕ КОРОЛЕВСТВО ВЕЛИКОБРИТАНИИ И СЕВЕРНОЙ ИРЛАНДИИ
СОЕДИНЕННЫЕ ШТАТЫ АМЕРИКИ
СОМАЛИ
СУДАН
СЬЕРРА-ЛЕОНЕ
ТАДЖИКИСТАН
ТАИЛАНД
ТОГО
ТОНГА
ТРИНИДАД И ТОБАГО
ТУНИС
ТУРКМЕНИСТАН
ТУРЦИЯ
УГАНДА
УЗБЕКИСТАН
УКРАИНА
УРУГВАЙ
ФИДЖИ
ФИЛИППИНЫ
ФИНЛЯНДИЯ
ФРАНЦИЯ
ХОРВАТИЯ
ЦЕНТРАЛЬНОАФРИКАНСКАЯ РЕСПУБЛИКА
ЧАД
ЧЕРНОГОРИЯ
ЧЕШСКАЯ РЕСПУБЛИКА
ЧИЛИ
ШВЕЙЦАРИЯ
ШВЕЦИЯ
ШРИ-ЛАНКА
ЭКВАДОР
ЭРИТРЕЯ
ЭСВАТИНИ
ЭСТОНИЯ
ЭФИОПИЯ
ЮЖНАЯ АФРИКА
ЯМАЙКА
ЯПОНИЯ

Устав Агентства был утвержден 23 октября 1956 года на Конференции по выработке Устава МАГАТЭ, которая состоялась в Центральных учреждениях Организации Объединенных Наций в Нью-Йорке. Устав вступил в силу 29 июля 1957 года. Центральные учреждения Агентства находятся в Вене. Главной целью Агентства является достижение «более скорого и широкого использования атомной энергии для поддержания мира, здоровья и благосостояния во всем мире».

СЕРИЯ НОРМ БЕЗОПАСНОСТИ МАГАТЭ, № SSG-52

# ПРОЕКТИРОВАНИЕ АКТИВНЫХ ЗОН РЕАКТОРОВ АТОМНЫХ ЭЛЕКТРОСТАНЦИЙ

## СПЕЦИАЛЬНОЕ РУКОВОДСТВО ПО БЕЗОПАСНОСТИ

МЕЖДУНАРОДНОЕ АГЕНТСТВО ПО АТОМНОЙ ЭНЕРГИИ
ВЕНА, 2025

# УВЕДОМЛЕНИЕ ОБ АВТОРСКОМ ПРАВЕ



Издательская секция (Publishing Section)
Международное агентство по атомной
энергии
Венский международный центр,
а/я 100,
A1400 Вена, Австрия
тел.: +43 1 2600 22529 или 22530
эл. почта: sales.publications@iaea.org
https://www.iaea.org/ru/publikacii



Отпечатано МАГАТЭ в Австрии
Март, 2025
STI/PUB/1859

ПРОЕКТИРОВАНИЕ АКТИВНЫХ ЗОН РЕАКТОРОВ АТОМНЫХ
ЭЛЕКТРОСТАНЦИЙ
МАГАТЭ, ВЕНА, 2025 ГОД
STI/PUB/1859
ISBN 978-92-0-453023-0 (ISBN печатный формат) 978-92-0-452823-7
(ISBN формат pdf) 978-92-0-452923-4 (формат epub)
ISSN 1020-5845

# ПРЕДИСЛОВИЕ

Устав МАГАТЭ уполномочивает Агентство «устанавливать или применять … нормы безопасности для охраны здоровья и сведения к минимуму опасности для жизни и имущества» — нормы, которые МАГАТЭ должно использовать в своей собственной работе и которые государства могут применять посредством их включения в свои регулирующие положения в области ядерной и радиационной безопасности. МАГАТЭ осуществляет это в консультации с компетентными органами Организации Объединенных Наций и с заинтересованными специализированными учреждениями. Всеобъемлющий свод высококачественных и регулярно пересматриваемых норм безопасности наряду с помощью МАГАТЭ в их применении является ключевым элементом стабильного и устойчивого глобального режима безопасности.

МАГАТЭ начало осуществлять свою программу по нормам безопасности в 1958 году. Значение, уделяемое качеству, соответствию поставленной цели и постоянному совершенствованию, лежит в основе широкого применения норм МАГАТЭ во всем мире. Серия норм безопасности теперь включает единообразные Основополагающие принципы безопасности, которые выработаны на основе международного консенсуса в отношении того, что должно пониматься под высоким уровнем защиты и безопасности. При твердой поддержке со стороны Комиссии по нормам безопасности МАГАТЭ проводит работу с целью содействия глобальному признанию и использованию своих норм.

Однако нормы эффективны лишь тогда, когда они надлежащим образом применяются на практике. Услуги МАГАТЭ в области безопасности охватывают вопросы проектирования, выбора площадки и инженерно-технической безопасности, эксплуатационной безопасности, радиационной безопасности, безопасной перевозки радиоактивных материалов и безопасного обращения с радиоактивными отходами, а также вопросы государственной основы, регулирования и культуры безопасности в организациях. Эти услуги в области безопасности содействуют государствам-членам в применении норм и позволяют обмениваться ценным опытом и данными.

Ответственность за деятельность по регулированию безопасности возлагается на страны, и многие государства принимают решения применять нормы МАГАТЭ по безопасности в своих национальных регулирующих положениях. Для сторон различных международных конвенций по безопасности нормы МАГАТЭ являются согласованным и надежным средством обеспечения эффективного выполнения обязательств, вытекающих из этих конвенций. Эти нормы применяются также регулирующими органами и операторами во всем мире в целях повышения безопасности при производстве ядерной энергии и применении ядерных методов в медицине, промышленности, сельском хозяйстве и научных исследованиях.

Безопасность — это не самоцель, а необходимое условие защиты людей во всех государствах и охраны окружающей среды в настоящее время и в будущем. Риски, связанные с ионизирующими излучениями, должны оцениваться и контролироваться без неоправданного ограничения вклада ядерной энергии в справедливое и устойчивое развитие. Правительства, регулирующие органы и операторы во всем мире должны обеспечивать, чтобы ядерный материал и источники излучения использовались для всеобщего блага, в условиях безопасности и с учетом мнения общественности. Для содействия этому предназначены нормы МАГАТЭ по безопасности, которые я призываю применять все государства-члены.

# НОРМЫ БЕЗОПАСНОСТИ МАГАТЭ

## ОБЩИЕ СВЕДЕНИЯ

Радиоактивность — это естественное явление, и в окружающей среде присутствуют природные (естественные) источники излучения. Ионизирующие излучения и радиоактивные вещества с пользой применяются во многих сферах — от производства энергии до использования в медицине, промышленности и сельском хозяйстве. Радиационные риски, которым в результате этих применений могут подвергаться работники, население и окружающая среда, подлежат оценке и должны в случае необходимости контролироваться.

Поэтому такая деятельность, как медицинское использование излучения, эксплуатация ядерных установок, производство, перевозка и использование радиоактивных материалов и обращение с радиоактивными отходами, должна осуществляться в соответствии с нормами безопасности.

Ответственность за регулирование в области безопасности возлагается на государства. Однако радиационные риски могут выходить за пределы национальных границ, и в рамках международного сотрудничества принимаются меры по обеспечению и укреплению безопасности в глобальном масштабе посредством обмена опытом и расширения возможностей для контроля опасностей, предотвращения аварий, реагирования в случае аварийных ситуаций и смягчения любых вредных последствий.

Государства обязаны проявлять должную осмотрительность и соответствующую осторожность, и предполагается, что они будут выполнять свои национальные и международные обязательства.

Международные нормы безопасности содействуют выполнению государствами своих обязательств согласно общим принципам международного права, например, касающимся охраны окружающей среды. Кроме того, международные нормы безопасности укрепляют и обеспечивают уверенность в безопасности и способствуют международной торговле.

Глобальный режим ядерной безопасности постоянно совершенствуется. Нормы безопасности МАГАТЭ, которые поддерживают осуществление имеющих обязательную силу международных договорно-правовых документов и функционирование национальных инфраструктур безопасности, являются краеугольным камнем этого глобального режима. Нормы безопасности МАГАТЭ представляют собой полезный инструмент, с помощью которого договаривающиеся стороны оценивают свою деятельность по выполнению этих конвенций.

НОРМЫ БЕЗОПАСНОСТИ МАГАТЭ

Статус норм безопасности МАГАТЭ вытекает из Устава МАГАТЭ, которым МАГАТЭ уполномочивается устанавливать и применять, в консультации и в надлежащих случаях в сотрудничестве с компетентными органами Организации Объединенных Наций и с заинтересованными специализированными учреждениями, нормы безопасности для охраны здоровья и сведения к минимуму опасности для жизни и имущества и обеспечивать применение этих норм.

В целях обеспечения защиты людей и охраны окружающей среды от вредного воздействия ионизирующего излучения нормы безопасности МАГАТЭ устанавливают основополагающие принципы безопасности, требования и меры для обеспечения контроля за радиационным облучением людей и выбросом радиоактивного материала в окружающую среду, ограничения вероятности событий, которые могут привести к утрате контроля за активной зоной ядерного реактора, ядерной цепной реакцией, радиоактивным источником или любым другим источником излучения, и смягчения последствий таких событий в случае, если они будут иметь место. Нормы касаются установок и деятельности, связанных с радиационными рисками, включая ядерные установки, использование радиационных и радиоактивных источников, перевозку радиоактивных материалов и обращение с радиоактивными отходами.

Меры по обеспечению безопасности и физической безопасности[1] преследуют общую цель защиты жизни и здоровья людей и охраны окружающей среды. Меры по обеспечению безопасности и физической безопасности должны разрабатываться и осуществляться комплексно таким образом, чтобы меры по обеспечению физической безопасности не осуществлялись в ущерб безопасности, и наоборот, чтобы меры по обеспечению безопасности не осуществлялись в ущерб физической безопасности.

Нормы безопасности МАГАТЭ отражают международный консенсус в отношении того, что является основой высокого уровня безопасности для защиты людей и охраны окружающей среды от вредного воздействия ионизирующего излучения. Они выпускаются в Серии норм безопасности МАГАТЭ, которая состоит из документов трех категорий (см. рис. 1).

---

[1] См. также публикации в серии изданий МАГАТЭ по физической ядерной безопасности.

*РИС. 1. Долгосрочная структура Серии норм безопасности МАГАТЭ.*

**Основы безопасности**

Основы безопасности содержат основополагающие цели и принципы защиты и безопасности и служат основой для требований безопасности.

**Требования безопасности**

Комплексный и согласованный свод требований безопасности устанавливает требования, которые должны выполняться с целью обеспечения защиты людей и охраны окружающей среды в настоящее время и в будущем. Эти требования устанавливаются в соответствии с целями и принципами, изложенными в Основах безопасности. Если требования не выполняются, то должны приниматься меры для достижения или восстановления требуемого уровня безопасности. Формат и стиль требований облегчают их гармоничное использование для создания национальной основы регулирования. Требования, включая пронумерованные всеобъемлющие требования, выражаются формулировками «должен, должна, должно, должны». Многие требования конкретно не адресуются, а это означает, что за их выполнение отвечают соответствующие стороны.

**Руководства по безопасности**

В руководствах по безопасности содержатся рекомендации и руководящие материалы, касающиеся выполнения требований безопасности, и в них выражается международный консенсус в отношении необходимости принятия рекомендуемых мер (или эквивалентных альтернативных мер). В руководствах по безопасности представлена международная надлежащая практика, и они во все большей степени отражают наилучшую практику, помогающую пользователям достичь высокого уровня безопасности. Рекомендации, содержащиеся в руководствах по безопасности, формулируются с применением глагола «следует».

## ПРИМЕНЕНИЕ НОРМ БЕЗОПАСНОСТИ МАГАТЭ

Основными пользователями норм безопасности в государствах — членах МАГАТЭ являются регулирующие и другие соответствующие государственные органы. Кроме того, нормы безопасности МАГАТЭ используются другими организациями-спонсорами и многочисленными организациями, которые занимаются проектированием, сооружением и эксплуатацией ядерных установок, а также организациями, участвующими в использовании радиационных и радиоактивных источников.

Нормы безопасности МАГАТЭ применяются в соответствующих случаях на протяжении всего жизненного цикла всех имеющихся и новых установок, используемых в мирных целях, и на протяжении всей нынешней и новой деятельности в мирных целях, а также в отношении защитных мер, применяемых с целью уменьшения существующих радиационных рисков. Они могут использоваться государствами в качестве основы для национальных регулирующих положений в отношении установок и деятельности.

Согласно Уставу МАГАТЭ нормы безопасности являются обязательными для МАГАТЭ применительно к его собственной деятельности, а также для государств применительно к работе, выполняемой с помощью МАГАТЭ.

Кроме того, нормы безопасности МАГАТЭ формируют основу для услуг МАГАТЭ по рассмотрению безопасности, и они используются МАГАТЭ для повышения компетентности, включая разработку учебных планов и проведение учебных курсов.

Международные конвенции содержат требования, которые аналогичны требованиям, изложенным в нормах безопасности МАГАТЭ, и являются обязательными для договаривающихся сторон. Нормы безопасности МАГАТЭ, подкрепляемые международными конвенциями, отраслевыми стандартами и подробными национальными требованиями, создают прочную основу для защиты людей и охраны окружающей среды. Существуют также некоторые особые вопросы безопасности, требующие оценки на национальном уровне. Например, многие нормы безопасности МАГАТЭ, особенно нормы, посвященные вопросам планирования или разработки мер по обеспечению безопасности, предназначаются, прежде всего, для применения к новым установкам и видам деятельности. На некоторых существующих установках, сооруженных в соответствии с нормами, принятыми ранее, не возможно выполнять в полном объеме требования, установленные в нормах безопасности МАГАТЭ. Вопрос о том, как нормы безопасности МАГАТЭ должны применяться на таких установках, решают сами государства.

Научные соображения, лежащие в основе норм безопасности МАГАТЭ, обеспечивают объективную основу для принятия решений по вопросам безопасности; однако органы, отвечающие за принятие решений, должны также выносить обоснованные суждения, а также должны определять, как обеспечить оптимальный баланс между пользой от принимаемых мер или осуществляемых мероприятий и связанными с ними радиационными рисками и любыми иными негативными последствиями применения этих мер или мероприятий.

## ПРОЦЕСС РАЗРАБОТКИ НОРМ БЕЗОПАСНОСТИ МАГАТЭ

Подготовкой и рассмотрением норм безопасности занимаются Секретариат МАГАТЭ и пять комитетов по нормам безопасности, охватывающих аварийную готовность и реагирование (ЭПРеСК), ядерную безопасность (НУССК), радиационную безопасность (РАССК), безопасность радиоактивных отходов (ВАССК) и безопасную перевозку радиоактивных материалов (ТРАНССК), а также Комиссия по нормам безопасности (КНБ), которая осуществляет надзор за программой по нормам безопасности МАГАТЭ (см. рис. 2).

Все государства — члены МАГАТЭ могут назначать экспертов в комитеты по нормам безопасности и представлять замечания по проектам норм. Члены Комиссии по нормам безопасности назначаются Генеральным директором, и в ее состав входят старшие правительственные должностные лица, несущие ответственность за установление национальных норм.

Для осуществления процессов планирования, разработки, рассмотрения, пересмотра и установления норм безопасности МАГАТЭ создана система управления. Особое место в ней занимают мандат МАГАТЭ,

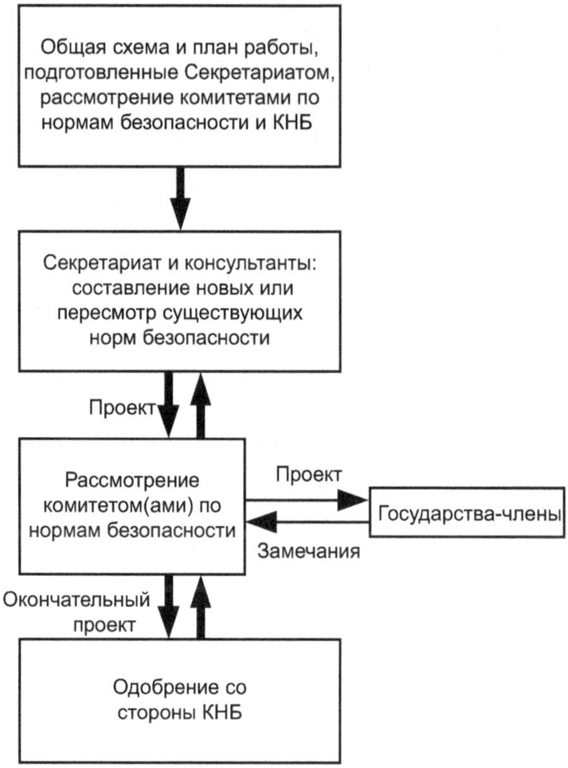


*РИС. 2. Процесс разработки новых норм безопасности или пересмотр существующих норм.*

видение будущего применения норм, политики и стратегий безопасности и соответствующие функции и обязанности.

## ВЗАИМОДЕЙСТВИЕ С ДРУГИМИ МЕЖДУНАРОДНЫМИ ОРГАНИЗАЦИЯМИ

При разработке норм безопасности МАГАТЭ учитываются выводы Научного комитета ООН по действию атомной радиации (НКДАР ООН) и рекомендации международных экспертных органов, в частности, Международной комиссии по радиологической защите (МКРЗ). Некоторые нормы безопасности разрабатываются в сотрудничестве с другими органами системы Организации Объединенных Наций или другими специализированными учреждениями, включая Продовольственную и сельскохозяйственную организацию Объединенных Наций, Программу

Организации Объединенных Наций по окружающей среде, Международную организацию труда, Агентство по ядерной энергии ОЭСР, Панамериканскую организацию здравоохранения и Всемирную организацию здравоохранения.

## ТОЛКОВАНИЕ ТЕКСТА

Относящиеся к ядерной и физической безопасности термины следует понимать так, как они представлены в Глоссарии МАГАТЭ по ядерной и физической безопасности (см. https://www.iaea.org/resources/publications/iaea-nuclear-safety-and-security-glossary). Во всех остальных случаях в издании на английском языке слова используются с написанием и значением, приведенными в последнем издании Краткого оксфордского словаря английского языка. Для руководств по безопасности аутентичным текстом является английский вариант.

Общие сведения и соответствующий контекст норм в Серии норм безопасности МАГАТЭ, а также их цель, сфера применения и структура приводятся в разделе 1 «Введение» каждой публикации.

Материал, который нецелесообразно включать в основной текст (например, материал, являющийся вспомогательным или отдельным от основного текста, дополняет формулировки основного текста или описывает методы расчетов, процедуры или пределы и условия), может быть представлен в дополнениях или приложениях.

Дополнение, если оно включено, рассматривается в качестве неотъемлемой части норм безопасности. Материал в дополнении имеет тот же статус, что и основной текст, и МАГАТЭ берет на себя авторство в отношении такого материала. Приложения и сноски к основному тексту, если они включены, используются для предоставления практических примеров или дополнительной информации или пояснений. Приложения и сноски не являются неотъемлемой частью основного текста. Материал в приложениях, опубликованный МАГАТЭ, не обязательно выпускается в качестве его авторского материала; в приложениях к нормам безопасности может быть представлен материал, имеющий другое авторство. Посторонний материал, публикуемый в приложениях, приводится в виде выдержек и адаптируется по мере необходимости, с тем чтобы быть в целом полезным.

# СОДЕРЖАНИЕ

# 1. ВВЕДЕНИЕ

## ОБЩИЕ СВЕДЕНИЯ

1.1. Настоящее Руководство по безопасности содержит рекомендации по проектированию активной зоны реактора в соответствии с требованиями, установленными в публикации Серии норм безопасности МАГАТЭ, № SSR-2/1 (Rev. 1), «Безопасность атомных электростанций: проектирование» [1]. Настоящая публикация представляет собой пересмотренный вариант публикации Серии норм безопасности МАГАТЭ, № NS-G-1.12[1], которую она заменяет.

## ЦЕЛЬ

1.2. Целью настоящего Руководства по безопасности является предоставление рекомендаций по соблюдению требований безопасности, установленных в публикации SSR-2/1 (Rev. 1) [1] в отношении проектирования активных зон реакторов атомных электростанций.

## ОБЛАСТЬ ПРИМЕНЕНИЯ

1.3. Настоящее Руководство по безопасности адресовано в первую очередь наземным стационарным атомным электростанциям с водоохлаждаемыми реакторами, используемым для производства электроэнергии или производства тепловой энергии в других целях (например, для централизованного теплоснабжения или опреснения воды). Все содержащиеся в нем рекомендации применимы к легководным реакторам (то есть, реакторам с водой под давлением и кипящим реакторам) и в целом применимы к тяжеловодным реакторам с водой под давлением, за исключением особо оговоренных случаев. Настоящее Руководство по безопасности может также применяться, с оговорками, в отношении реакторов других типов (например, газоохлаждаемых реакторов, реакторов плавучих АЭС, реакторов малой мощности и модульных реакторов, инновационных реакторов), с тем чтобы способствовать интерпретации

---

[1] МЕЖДУНАРОДНОЕ АГЕНТСТВО ПО АТОМНОЙ ЭНЕРГИИ, Проектирование активных зон реакторов атомных электростанций, Серия норм безопасности МАГАТЭ, № NS-G-1.12, МАГАТЭ, Вена (2006).

требований, которые необходимо учитывать при разработке проекта активной зоны реактора.

1.4. Активная зона — это центральная часть ядерного реактора, в которой происходит деление ядер. Активная зона реактора состоит из четырех основных систем и компонентов (т.е. топлива (включая твэлы и конструкцию тепловыделяющих сборок), теплоносителя, замедлителя и регулирующих стержней), а также дополнительных конструкций (т.е. внутрикорпусных устройств корпуса реактора, опорных плит активной зоны и нижних и верхних внутренних конструкций в легководных реакторах). В настоящем Руководстве по безопасности рассмотрены аспекты безопасности при проектировании активной зоны, в том числе нейтронно-физические аспекты, теплогидравлические аспекты, термомеханические аспекты, структурно-механические аспекты, аспекты, связанные с управлением активной зоной реактора, ее остановом и мониторингом, а также аспекты управления активной зоной при проектировании активных зон реакторов атомных электростанций с учетом требований безопасности. Конкретно рассмотрены следующие конструкции, системы и элементы (КСЭ):

a) твэлы, содержащие топливные таблетки с выгорающим поглотителем или без него в трубках оболочки твэла, которые выделяют тепло и передают его теплоносителю;
b) тепловыделяющие сборки, включающие пучки твэлов с конструкциями и компонентами (например, направляющими каналами, дистанционирующими решетками, головками и хвостовиками, топливными каналами), которые обеспечивают заданную геометрическую конфигурацию твэлов и тепловыделяющих сборок;
c) система управления, система останова и система мониторинга активной зоны, включая компоненты и оборудование, используемые для управления реактивностью и останова, состоящие из поглотителей нейтронов (твердых или жидких), вспомогательных конструкций и приводных механизмов;
d) опорные конструкции, составляющие основание активной зоны внутри корпуса реактора (внутри каландра тяжеловодных реакторов с водой под давлением), конструкция для направления потока теплоносителя (в реакторах с водой под давлением) и направляющие трубы для устройств управления реактивностью (в тяжеловодных реакторах с водой под давлением);
e) теплоноситель;
f) замедлитель;

g) другие компоненты активной зоны, такие как сепараторы пара (в кипящих реакторах) и нейтронные источники. В настоящем Руководстве по безопасности эти компоненты рассматриваются лишь в ограниченной степени.

1.5. Настоящее Руководство по безопасности предназначено в основном для АЭС, использующих в качестве топлива природный и обогащенный $UO_2$, а также топливо, содержащее смесь $UO_2$ с плутонием (смешанное оксидное топливо), с оболочкой твэла из сплава на основе циркония. Если особо не оговорено иное, все рекомендации применимы к этим видам топлива.

1.6. К инновационным материалам ядерного топлива, таким как топливо на основе нитрида урана или топливо с матрицей из инертных материалов, а также к материалам оболочки твэла из сплавов не на основе циркония положения настоящего Руководства по безопасности могут применяться с использованием экспертных оценок.

1.7. Проектирование активной зоны может быть взаимосвязано с проектированием других систем реактора и другими соответствующими аспектами. Рекомендации, содержащиеся в настоящем Руководстве по безопасности в части таких взаимосвязанных систем и аспектов, приведены главным образом с целью определения их функционального взаимодействия. При необходимости для пояснения таких взаимодействий приводятся ссылки на соответствующие руководства по безопасности.

1.8. Использованные в настоящем Руководстве по безопасности термины следует понимать в соответствии с определениями, содержащимися в Глоссарии МАГАТЭ по вопросам безопасности [2]. Пояснения других технических терминов приведены в приложении I.

## СТРУКТУРА

1.9. В разделе 2 приведено описание общих соображений, связанных с проектированием активной зоны с учетом требований безопасности на основе требований по управлению безопасностью, основных технических требований и общих требований к проектированию, содержащихся соответственно в разделах 3, 4 и 5 публикации SSR-2/1 (Rev. 1) [1]. В разделе 3 изложены конкретные вопросы проектирования с учетом требований безопасности твэлов и тепловыделяющих сборок, конструкций активной зоны и компонентов активной зоны, а также системы управления активной зоной и системы останова реактора на основе конкретных проектных требований (например, требований 43–46) публикации SSR-2/1 (Rev. 1) [1]. Раздел 4 содержит рекомендации по квалификации и испытаниям КСЭ активной зоны реактора.

1.10. В приложении I приведены дополнительная техническая информация для пояснения терминологии, использованной в настоящем Руководстве по безопасности, дополнительные сведения справочного характера и примеры, обосновывающие сформулированные требования к проектированию. В приложении II описаны важные вопросы, которые необходимо учитывать при проектировании твэла, тепловыделяющей сборки, сборки управления реактивностью, сборки нейтронных источников и сборки гидравлических заглушек.

# 2. ОБЩИЕ СООБРАЖЕНИЯ БЕЗОПАСНОСТИ ПРИ ПРОЕКТИРОВАНИИ АКТИВНОЙ ЗОНЫ РЕАКТОРА

## СИСТЕМА УПРАВЛЕНИЯ

2.1. Проектирование активной зоны реактора следует осуществлять с учетом рекомендаций, содержащихся в публикациях Серии норм безопасности МАГАТЭ, № GS-G-3.1, «Применение системы управления для установок и деятельности» [3] и № GS-G-3.5, «Система управления для ядерных установок» [4], а также в соответствии с требованиями 1–3 публикации SSR-2/1 (Rev. 1) [1] и требованиями публикации Серии норм безопасности МАГАТЭ, № GSR Part 2, «Лидерство и менеджмент для обеспечения безопасности» [5].

## ЦЕЛИ ПРОЕКТИРОВАНИЯ

### Фундаментальные функции безопасности

2.2. При проектировании активной зоны реактора требуется обеспечивать выполнение в различных эксплуатационных состояниях и в широком спектре аварийных условий трех фундаментальных функций безопасности, изложенных в требовании 4 публикации SSR-2/1 (Rev. 1) [1]. При проектировании активной зоны реактора непосредственно применяются следующие фундаментальные функции безопасности:

a) управление реактивностью;
b) отвод тепла от активной зоны реактора;
c) локализация радиоактивного материала.

### Надлежащее проектирование на основе концепции глубокоэшелонированной защиты

2.3. Надлежащее проектирование (т.е. разработка эффективного, безопасного и устойчивого проекта) активной зоны реактора, основанное на концепции глубокоэшелонированной защиты, позволит обеспечить выполнение фундаментальных функций безопасности и предусмотреть соответствующие средства обеспечения безопасности реактора.

2.4. К физическим барьерам, рассматриваемым при проектировании активной зоны реактора или влияющим на него, относятся топливная матрица, оболочка топлива и граница первого контура реактора. При проектировании твэлов требуется обеспечивать сохранение их конструктивной целостности и герметичности с целью предотвращения переноса продуктов деления в теплоноситель при нормальной эксплуатации и ожидаемых при эксплуатации событиях (см. требование 43 публикации SSR-2/1 (Rev. 1) [1].

2.5. Следует предусматривать меры по сведению к минимуму повреждения оболочки твэла при проектных авариях. Компоненты активной зоны и связанные с ней конструкции следует проектировать с учетом обеспечения выполнения функций безопасности. Кроме того, требуется, чтобы активная зона реактора была спроектирована таким образом, чтобы она сохраняла конфигурацию, предусматривающую возможность останова и сохранения возможности охлаждения в случае проектных аварий и запроектных условий без существенной деградации топлива (см. требование 44 публикации SSR-2/1 (Rev. 1) [1].

### Апробированная инженерно-техническая практика

2.6. Следует обеспечивать, чтобы конструкция активной зоны реактора была проверена либо в эквивалентных применениях, либо на основе опыта эксплуатации или результатов соответствующих научно-исследовательских программ, либо, в соответствующих случаях, согласно процессам проектирования, верификации и валидации проекта, содержащимися в применимых сводах положений и нормах (см. пункты 4.14 и 4.16 публикации SSR-2/1 (Rev. 1) [1].

**Оценка безопасности в процессе проектирования**

2.7. Пункт 4.17 публикации SSR-2/1 (Rev. 1) [1] гласит (сноска опущена):

> «Проведение оценок безопасности должно начинаться на раннем этапе процесса проектирования со взаимодействием между работами по проектированию и подтверждающему анализу и должно расширяться с точки зрения сферы охвата и повышения уровня детализации в ходе осуществления программы проектирования».

Рекомендации в отношении методов оценки безопасности содержатся в публикации Серии норм безопасности МАГАТЭ, № SSG-2 (Rev. 1), «Детерминистический анализ безопасности атомных электростанций» [6].

**Свойства, облегчающие обращение с радиоактивными отходами**

2.8. При проектировании твэлов и тепловыделяющих сборок следует предусматривать свойства, облегчающие обращение с отходами в будущем (включая в соответствующих случаях переработку). На проектирование систем хранения и захоронения отработавшего топлива будет оказывать влияние физическое состояние тепловыделяющих сборок, выгруженных из активной зоны реактора. Рекомендации в отношении учета влияния состояния отработавшего топлива на проектирование систем для обращения с топливом и его хранения содержатся в публикациях Серии норм безопасности МАГАТЭ, № SSG-63, «Design of Fuel Handling and Storage Systems for Nuclear Power Plants» («Проектирование систем для обращения с топливом и его хранения на атомных электростанциях») [7] и № SSG-15 (Rev. 1), «Storage of Spent Nuclear Fuel» («Хранение отработавшего ядерного топлива») [8].

## ПРОЕКТНЫЕ ОСНОВЫ КОНСТРУКЦИЙ, СИСТЕМ И ЭЛЕМЕНТОВ АКТИВНОЙ ЗОНЫ РЕАКТОРА

2.9. Согласно требованию 14 публикации SSR-2/1 (Rev. 1) [1] необходимо, чтобы в проектных основах активной зоны реактора были указаны требуемые возможности, надежность и функциональность во всех применимых состояниях станции (см. пункт 2.10), с тем чтобы обеспечить удовлетворение конкретных критериев приемлемости.

### Состояния станции и постулируемые исходные события

2.10. Как указано в требовании 13 публикации SSR-2/1 (Rev. 1) [1], состояния станции должны быть определены и сгруппированы по категориям. Как правило, при проектировании активной зоны реактора рассматриваются следующие состояния станции: нормальная эксплуатация, ожидаемые при эксплуатации события, проектные аварии и запроектные условия без значительной деградации топлива. В настоящем Руководстве по безопасности эти четыре состояния называются «все применимые состояния станции». Аварии со значительным расплавлением активной зоны не входят в сферу охвата проектирования активной зоны реактора.

2.11. В процесс проектирования следует включать анализ влияния постулируемых исходных событий на активную зону реактора во всех применимых состояниях станции. Рекомендации в отношении определения постулируемых исходных событий во всех применимых состояниях станции и соответствующего анализа безопасности изложены в публикации SSG-2 (Rev. 1) [6].

### Внешние опасности

2.12. При проектировании активной зоны реактора следует принимать во внимание последствия землетрясений. Сейсмическую категоризацию КСЭ активной зоны реактора следует проводить в соответствии с положениями публикации Серии норм безопасности МАГАТЭ, № NS-G-1.6, «Проектирование и аттестация сейсмостойких конструкций для атомных электростанций» [9].

### Проектные пределы

2.13. Согласно требованию 15 публикации SSR-2/1 (Rev. 1) [1] для всех применимых состояний станции должны быть определены проектные пределы по соответствующим физическим параметрам отдельных КСЭ активной зоны реактора. Соблюдение этих пределов с помощью соответствующих положений обеспечит успешное применение концепции глубокоэшелонированной защиты, сформулированной в пунктах 2.4 и 2.5, с надлежащими запасами. В пункте 3.33 и пунктах 3.65–3.67 приведены типичные примеры соответствующих параметров и их качественных или количественных предельных значений.

### Аспекты классификации активной зоны с точки зрения безопасности

2.14. Требуется произвести классификацию конструкций, систем и элементов активной зоны реактора в соответствии с их функциями и значимостью с точки зрения безопасности (см. требование 22 публикации SSR-2/1 (Rev. 1) [1]. Процесс классификации с точки зрения безопасности описан в публикации Серии норм безопасности МАГАТЭ, № SSG-30, «Safety Classification of Structures, Systems and Components in Nuclear Power Plants» («Классификация конструкций, систем и элементов АЭС с точки зрения безопасности») [10].

2.15. Твэлы и тепловыделяющие сборки следует классифицировать как относящиеся к первому, наивысшему классу безопасности, поскольку они необходимы для выполнения трех фундаментальных функций безопасности, описанных в пункте 2.2.

2.16. Отказ регулирующих стержней потенциально может поставить под угрозу управление реактивностью в активной зоне и целостность твэлов, которые являются барьерами класса безопасности 1; с этой точки зрения регулирующие стержни следует классифицировать как относящиеся к классу безопасности 1.

2.17. Для всех классов безопасности, определенных в соответствии с методом, описанным в публикации SSG-30 [10], следует указывать и применять соответствующие правила технического проектирования.

### Правила технического проектирования

2.18. Правила технического проектирования КСЭ активной зоны реактора представляют собой методы достижения адекватности проекта, и следует обеспечивать, чтобы они в соответствующих случаях включали:

a) использование применимых сводов положений и норм и апробированной инженерно-технической практики;
b) консервативную оценку безопасности;
c) анализ конкретных конструкций на надежность;
d) аттестацию и испытания;
e) эксплуатационные пределы и условия.

**Проектирование с целью обеспечения надежности**

2.19. Согласно пункту 5.37 публикации SSR-2/1 (Rev. 1) [1] при проектировании твэлов и тепловыделяющих сборок, а также элементов и систем управления и останова реактора требуется обеспечивать их высокую надежность с учетом их значимости с точки зрения безопасности. Положения по обеспечению высокой надежности их конструкции изложены соответственно в пунктах 3.39 и 3.112 настоящего Руководства по безопасности.

**Эксплуатационные пределы и условия**

2.20. Согласно требованию 28 публикации SSR-2/1 (Rev. 1) [1] для обеспечения безопасной эксплуатации активной зоны реактора в соответствии с допущениями и задачами проекта необходимо устанавливать эксплуатационные пределы и условия. Соответствующие руководящие материалы по эксплуатационным пределам и условиям содержатся в публикации Серии норм безопасности МАГАТЭ, № NS-G-2.2, «Пределы и условия для эксплуатации и эксплуатационные процедуры для атомных электростанций» [11].

## ПРОЕКТИРОВАНИЕ В ЦЕЛЯХ БЕЗОПАСНОЙ ЭКСПЛУАТАЦИИ

2.21. КСЭ активной зоны реактора следует проектировать с учетом обеспечения максимального удобства при проведении их испытаний, осмотра, ремонта, замены, калибровки или технического обслуживания.

2.22. Рассмотрение и модификацию проекта активной зоны реактора следует проводить, если в течение срока эксплуатации станции происходит значительное изменение конфигурации вследствие, например:

a) крупных модификаций проекта станции или оборудования или следующих эксплуатационных модификаций:
   i) замены парогенератора (не для реакторов с кипящей водой);
   ii) увеличения номинальной установленной мощности станции;
   iii) значительного изменения рабочих параметров;
b) внедрения нового типа топлива или значительного изменения используемого типа топлива (например, внедрения смешанного оксидного или гадолиниевого топлива, новой конструкции твэлов

или тепловыделяющих сборок с измененными геометрическими или теплогидравлическими характеристиками);
c) увеличения глубины выгорания выгружаемого топлива по сравнению с проектным пределом;
d) значительных изменений в обращении с топливом, таких как значительное увеличение продолжительности кампании.

2.23. При проектировании твэлов и тепловыделяющих сборок следует обеспечивать исключение отказов топлива вследствие воздействия специальных условий эксплуатации (например, изменения скорости подъема мощности, ухудшения водно-химического режима или присутствия посторонних материалов) в эксплуатационных состояниях.

## АНАЛИЗ БЕЗОПАСНОСТИ АКТИВНОЙ ЗОНЫ РЕАКТОРА

2.24. Согласно требованию 42 публикации SSR-2/1 (Rev. 1) [1] анализ безопасности необходимо проводить с целью оценки и рассмотрения вопросов безопасности во всех применимых состояниях станции, используя детерминистические подходы с максимально возможным учетом неопределенностей.

2.25. При анализе безопасности активной зоны реактора следует учитывать перечисленные ниже основные факторы:

a) исходные условия эксплуатации (т.е. общие и локальные теплогидравлические условия, уровни мощности, распределения энерговыделения и момент кампании);
b) обратную связь по реактивности;
c) скорость изменения концентрации растворимого поглотителя в замедлителе и теплоносителе;
d) положение органов или скорость введения положительной (или отрицательной) реактивности вследствие срабатывания устройства (устройств) управления реактивностью или изменений технологических параметров;
e) скорость введения отрицательной реактивности при останове реактора;
f) поведение каналов разной мощности (относительно средней) в переходных процессах (для кипящих реакторов);
g) эксплуатационные характеристики оборудования систем безопасности, включая переход с одного режима работы на другой (например, с

режима впрыска для аварийного охлаждения активной зоны на режим рециркуляции);

h) распад ксенона и других поглотителей нейтронов при анализе долгосрочного поведения активной зоны;

i) общее содержание активности в активной зоне.

В вышеперечисленных факторах следует учитывать соответствующие условия или запасы, с тем чтобы обеспечить возможность применения анализа безопасности для конкретных картограмм топливной загрузки или конструкций топлива. Рекомендации по методам проведения анализа безопасности содержатся в публикации SSG-2 (Rev. 1) [6].

2.26. Для того чтобы подтвердить непревышение проектных пределов по ядерному топливу во всех применимых состояниях станции, следует провести анализ безопасности активной зоны реактора. Для аварийных условий следует включать в анализ безопасности влияние поведения топлива на охлаждение активной зоны (например, раздутие и разрушение оболочки твэла, экзотермические реакции между металлом и водой и искривление твэлов и тепловыделяющих сборок). Следует оценивать влияние накопления водорода (вследствие реакции между водой и оболочкой из циркониевого сплава при высоких температурах) на границу первого контура реактора.

2.27. Следует вести систематическую, полную, квалифицированную и актуальную документацию о состоянии КСЭ станции и активной зоны реактора, регулярно актуализировать эту документацию, с тем чтобы обеспечить выполнение анализа безопасности с использованием реальной конфигурации станции и активной зоны.

# 3. КОНКРЕТНЫЕ СВЯЗАННЫЕ С БЕЗОПАСНОСТЬЮ СООБРАЖЕНИЯ, УЧИТЫВАЕМЫЕ ПРИ ПРОЕКТИРОВАНИИ АКТИВНОЙ ЗОНЫ РЕАКТОРА

## ОБЩИЕ ПОЛОЖЕНИЯ

3.1. В данном разделе рассматриваются конкретные аспекты проектирования КСЭ активной зоны реактора, учитываемые для выполнения требований 43–46, установленных в публикации SSR-2/1 (Rev. 1) [1]. В нем также рассмотрено взаимодействие с управлением активной зоной, которое в значительной мере влияет на проектирование активной зоны в части эксплуатационных характеристик твэлов и тепловыделяющих сборок. Конкретные руководящие материалы представлены в публикации Серии норм безопасности МАГАТЭ, № NS-G-2.5, «Управление активной зоной и обращение с топливом на атомных электростанциях» [12].

3.2. Следует обеспечивать, чтобы проект активной зоны реактора в сочетании с проектом систем охлаждения реактора и систем управления и защиты реактора позволяли выполнять на постоянной основе фундаментальные функции безопасности (пункт 2.2) во всех применимых состояниях станции (т.е. в режиме нормальной эксплуатации, в случае ожидаемых при эксплуатации событий, при проектных авариях и запроектных условиях без значительной деградации топлива).

3.3. Активную зону реактора и связанные с ней системы управления и защиты следует проектировать с достаточными запасами для обеспечения непревышения проектных пределов по ядерному топливу во всех применимых состояниях станции. Проектные пределы по ядерному топливу описываются в пунктах 3.65–3.76.

### Тип топлива

3.4. Твэлы содержат делящиеся материалы (например, $^{235}U$, $^{239}Pu$), которые весьма активно вступают в реакцию с тепловыми нейтронами. При выборе материалов топливных таблеток следует оптимизировать указанные ниже характеристики (примеры материалов, используемых в топливных таблетках, приведены в приложении I):

a) способность вступать в реакцию с тепловыми нейтронами;
b) примеси с низкими свойствами поглощения тепловых нейтронов;
c) тепловые характеристики (например, для режимов эксплуатации желательна высокая теплопроводность, а для аварийных условий — высокая способность рассеивать тепло);
d) стабильность геометрических параметров;
e) удержание газообразных продуктов деления;
f) устойчивость к явлениям, возникающим при взаимодействии материалов топлива и оболочки твэла.

3.5. Материалы оболочки твэла следует выбирать с учетом указанные ниже характеристик (примеры материалов оболочки твэла приведены в приложении I):

a) низкое сечение поглощения тепловых нейтронов;
b) высокая устойчивость к воздействию условий облучения;
c) высокая теплопроводность и высокая температура плавления;
d) высокая коррозионная стойкость и низкий уровень наводороживания;
e) низкие окисляемость и наводороживание в условиях высоких температур;
f) достаточная стойкость к разрушающему окислению в условиях длительного пребывания при высоких температурах;
g) надлежащие механические свойства (например, высокая прочность, высокая пластичность, низкая ползучесть в условиях нормальной эксплуатации и высокая скорость релаксации в переходных режимах);
h) низкая подверженность коррозионному растрескиванию под напряжением;
i) надлежащая устойчивость к водородному и гидридному растрескиванию при нормальной эксплуатации и при хранении топлива.

**Теплоноситель**

3.6. В легководных реакторах теплоноситель выполняет также функцию замедлителя. При выборе теплоносителя следует учитывать взаимодействия теплоносителя с компонентами топлива и активной зоны при всех химических условиях (дополнительную информацию см. в приложении I). В тяжеловодных реакторах с водой под давлением теплоноситель и замедлитель разделены; как правило, для управления реактивностью химические реагенты в теплоноситель не добавляются.

3.7. Для выполнения основной функции теплоносителя, а именно постоянного отвода тепла из активной зоны, следует обеспечивать его химическую и физическую устойчивость к воздействию как высоких температур, так и облучения.

3.8. Активную зону реактора следует проектировать таки образом, чтобы предотвращались или контролировались неустойчивости потока и вызываемые ими колебания реактивности активной зоны или энерговыделения.

3.9. При проектировании топлива и активной зоны следует учитывать указанные ниже соображения безопасности, связанные с теплоносителем:

a) обеспечение отсутствия посторонних материалов в системе теплоносителя перед первым пуском реактора и после остановов для перегрузки топлива и ремонта в течение всего срока эксплуатации станции;
b) поддержание радионуклидной активности теплоносителя на разумно достижимом низком уровне с помощью систем очистки, минимизация количества коррозионных продуктов или удаление дефектного топлива по мере необходимости;
c) мониторинг и контроль воздействия теплоносителя и добавляемых в него присадок на реактивность во всех состояниях станции;
d) определение и контроль физических и химических свойств теплоносителя в активной зоне;
e) обеспечение совместимости химического состава теплоносителя с материалами, присутствующими в первом контуре (например, для предотвращения образования отложений на твэлах и сведения к минимуму коррозии и образования радиоактивных продуктов).

3.10. При проектировании следует учитывать влияние, оказываемое изменениями плотности теплоносителя (включая фазовые изменения теплоносителя) на реактивность и мощность активной зоны как локально, так и в масштабе всей активной зоны.

**Замедлитель**

3.11. Следует обеспечивать, чтобы выбор замедлителя и шаг размещения в нем твэлов отвечали инженерно-техническим требованиям и требованиям безопасности в отношении обратной связи по реактивности вследствие изменений температуры замедлителя, его плотности и паросодержания при одновременной оптимизации баланса нейтронов и, следовательно, расхода топлива. В большинстве типов реакторов на тепловых нейтронах в качестве замедляющей среды используется легкая или тяжелая вода.

3.12. В зависимости от проекта реактора замедлитель может содержать растворимый поглотитель нейтронов, например бор в реакторах с водой под давлением, для того чтобы обеспечить необходимые значения запаса подкритичности во всех эксплуатационных состояниях и путем регулируемого растворения компенсировать уменьшение реактивности активной зоны в течение всей кампании.

3.13. В реакторах с тяжелой водой под давлением следует предусматривать, чтобы конструкция активной зоны реактора обеспечивала эффективное срабатывание системы останова реактора при авариях, связанных со снижением концентрации поглотителя. Следует предусматривать средства для предотвращения непреднамеренного удаления такого поглощающего материала (например, вследствие химических переходных процессов) и обеспечения контролируемого и постепенного характера его удаления.

3.14. В реакторах с тяжелой водой под давлением следует предусматривать, чтобы замедлитель обеспечивал возможность отвода остаточного тепловыделения без нарушения геометрии активной зоны в аварийных условиях.

3.15. В реакторах с тяжелой водой под давлением следует предусматривать меры для предотвращения возгорания или взрыва водорода, образующегося в замедлителе в результате радиолиза.

## НЕЙТРОННО-ФИЗИЧЕСКОЕ ПРОЕКТИРОВАНИЕ

**Соображения, касающиеся проектирования**

3.16. Следует обеспечивать, чтобы проект активной зоны реактора был таким, чтобы характеристики обратной связи активной зоны быстро компенсировали увеличение реактивности. Мощность реактора следует контролировать посредством комбинированного использования нейтронно-физических характеристик активной зоны реактора (дополнительную информацию см. в приложении I), ее теплогидравлических характеристик, а также способности системы управления и системы останова срабатывать во всех применимых состояниях станции.

3.17. Следует предусматривать, чтобы проект обеспечивал надежное и незамедлительное обнаружение и подавление изменений мощности, которые могут приводить к возникновению условий, превышающих проектные пределы по ядерному топливу при нормальной эксплуатации и ожидаемых при эксплуатации событиях.

## Нейтронно-физические проектные пределы

*Ключевые параметры ядерной безопасности*

3.18. Ключевые параметры ядерной безопасности, влияющие на нейтронно-физическое проектирование активной зоны и стратегии обращения с топливом, следует устанавливать на основе анализа безопасности, подтверждающего соответствие конкретным проектным пределам по ядерному топливу, описанным в пунктах 3.65–3.76. Следует также предусматривать соответствующие ключевые параметры ядерной безопасности таким образом, чтобы они оставались актуальными для конкретных проектов перезагрузки активной зоны и на протяжении кампании. Как правило, к ключевым параметрам ядерной безопасности относятся:

a) температурные коэффициенты реактивности теплоносителя и замедлителя;
b) борный коэффициент реактивности и концентрация бора (для легководных реакторов с водой под давлением);
c) запас подкритичности;
d) максимальная скорость ввода реактивности;
e) эффективность одного ПС СУЗ и группы ПС СУЗ;
f) коэффициенты неравномерности энерговыделения по высоте и радиусу активной зоны с учетом допусков на вызываемые ксеноном колебания;
g) максимальная линейная мощность энерговыделения;
h) паровой (пустотный) коэффициент реактивности.

3.19. При любых значительных изменениях проекта активной зоны реактора (см. пункт 2.22) их влияние на безопасность следует оценивать, используя ключевые параметры ядерной безопасности, с целью обеспечения соблюдения установленных проектных пределов по ядерному топливу. В противном случае следует определять и обосновывать новые ключевые параметры ядерной безопасности.

*Характеристики реактивности активной зоны*

3.20. Исходя из геометрии и состава топлива активной зоны реактора, в проект следует включать оценки активной зоны с целью определения стационарных пространственных распределений нейтронного потока и энерговыделения, нейтронно-физических характеристик активной зоны и эффективности средств управления реактивностью в условиях нормальной эксплуатации станции на мощности, в условиях останова и в аварийных условиях.

3.21. Следует производить оценку ключевых параметров ядерной безопасности, таких как коэффициенты реактивности, для выбранных условий эксплуатации активной зоны (например, нулевой мощности, полной мощности, начала цикла, конца цикла и ключевых точек, связанных с выгоранием поглотителя) и для соответствующей стратегии управления топливом. Следует проанализировать зависимость таких ключевых параметров ядерной безопасности от загрузки активной зоны и от выгорания топлива. Соответствующие запасы следует включать в коэффициенты реактивности или в подходы к моделированию, используемые с целью оценки обратной связи по реактивности при анализе безопасности для всех применимых состояний станции.

*Максимальная эффективность и скорость ввода реактивности*

3.22. Следует ограничивать максимальную эффективность устройств управления реактивностью (например, регулирующих стержней и/или систем контроля воднохимического режима) или предусматривать системы блокировки, с тем чтобы любые результирующие изменения уровня мощности не превышали пределы, установленные для соответствующих переходных режимов и аварий, вызванных ростом реактивности, таких как:

a) выброс регулирующего стержня;
b) падение регулирующего стержня;

c) разбавление борного поглотителя;
d) неконтролируемое извлечение групп регулирующих стержней.

Такие пределы реактивности следует определять путем анализа безопасности с целью обеспечения непревышения проектных пределов по ядерному топливу, описанных в пунктах 3.65–3.76. Этот анализ следует проводить для всех видов топлива в активной зоне (например, топлива на основе $UO_2$ или смешанного оксидного топлива) или репрезентативной активной зоны с соответствующими запасами, а также для всех допустимых условий эксплуатации и значений выгорания ядерного топлива.

*Регулирование общей и локальной мощности*

3.23. В проекте следует предусматривать возможность общего и локального управления мощностью активной зоны с помощью средств управления реактивностью (дополнительную информацию см. в приложении I) таким образом, чтобы пиковое линейное энерговыделение каждого твэла не превышало проектных пределов в любой точке активной зоны. При проектировании системы управления следует учитывать изменения в распределении энерговыделения (например, вызываемые такими эффектами, как ксеноновая нестабильность) или другие локальные эффекты (например, вызываемые коррозионными отложениями скачки мощности в смешанной активной зоне или аномалии с осевым сдвигом в легководных реакторах с водой под давлением, прогиб или искривление тепловыделяющих сборок). Следует предусматривать необходимость учета расхождений показаний датчиков потока (например, вследствие различий в работоспособности, местоположении, экранировании или старении).

*Запас подкритичности*

3.24. Следует предусматривать, чтобы введение регулирующих стержней обеспечивало надлежащий запас подкритичности во всех применимых состояниях станции (дополнительную информацию см. в приложении I). Следует предусматривать, чтобы задание и мониторинг пределов введения регулирующих стержней в зависимости от уровня мощности гарантировали надлежащий запас подкритичности в любое время с целью обеспечения удовлетворительной отказоустойчивости.

3.25. С целью обеспечения достаточного запаса подкритичности во всех возникающих применимых состояниях активной зоны в течение всего эксплуатационного цикла следует оценивать степень влияния истощения выгорающего поглотителя на реактивность активной зоны. (Примеры использования выгорающих поглотителей в легководных реакторах с водой под давлением представлены в приложении I.)

## ТЕПЛОГИДРАВЛИЧЕСКОЕ ПРОЕКТИРОВАНИЕ

### Соображения, касающиеся проектирования

3.26. При теплогидравлическом проектировании активной зоны реактора следует предусматривать надлежащие запасы и меры с целью обеспечения:

a) непревышения установленных проектных теплогидравлических пределов в эксплуатационных состояниях (т.е. при нормальной эксплуатации и в случае ожидаемых при эксплуатации событий);
b) удержания в пределах допустимых уровней интенсивностей отказов твэлов при проектных авариях и запроектных условиях без значительной деградации топлива;
c) соответствия минимальных и максимальных значений расхода теплоносителя через активную зону теплогидравлическим проектным пределам и механическим проектным пределам.

### Теплогидравлические проектные пределы

3.27. Для таких прогнозируемых параметров, как максимальная линейная мощность, минимальный коэффициент критической мощности (для кипящих реакторов), минимальный запас до кризиса кипения (для реакторов с водой под давлением) или коэффициент запаса по мощности до кризиса высыхания (для тяжеловодных реакторов с водой под давлением), пиковая температура топлива или энтальпия и пиковая температура оболочки твэла, следует устанавливать конкретные теплогидравлические проектные пределы с надлежащими запасами. При анализе проекта следует учитывать неопределенности значений технологических параметров (например, мощности реактора, расхода теплоносителя, расхода в байпас активной зоны, значений температуры и давления на входе в активную зону, коэффициентов неравномерности энерговыделения в активной зоне), проектных параметров активной зоны и методов расчета, использованных при оценке запасов по тепловым нагрузкам.

3.28. В теплогидравлическое проектирование следует включать анализ проекта, учитывающий конструктивные особенности тепловыделяющей сборки, включая расстояние между твэлами, их мощность, размеры и форму ячеек тепловыделяющей сборки, дистанционирующих и перемешивающих решеток (для легководных реакторов) и дефлекторов потока (для легководных реакторов) или турбулентных активаторов. Кроме того, в случае тяжеловодных реакторов с водой под давлением канального типа при анализе проекта следует учитывать: влияние подвесок пучков тепловыделяющих сборок, геометрию выступающих элементов, величину зазора между твэлами и топливным каналом, ожидаемую деформацию топливных каналов при старении реактора и соединений соседних опорных пластин.

3.29. В случае легководных реакторов при теплогидравлическом проектировании следует также учитывать температуру теплоносителя на входе в активную зону и на выходе из нее и распределения расхода. Эти явления следует также учитывать в системах мониторинга и защиты активной зоны.

3.30. При проектировании следует обеспечивать, чтобы минимальное отношение эксплуатационной мощности к критической мощности (т.е. минимальные значения коэффициента запаса до кризиса теплового потока, коэффициента запаса до кризиса кипения, коэффициента критической мощности в канале или коэффициента критической мощности) устанавливалось с учетом корреляций условий критического теплового потока, полученных на основе репрезентативных испытаний, проведенных в стационарных условиях. Соответственно, к минимальным значениям коэффициентов следует добавлять дополнительные запасы или поправки, не учтенные в самой корреляции, такие как следующие:

a) реакции теплогидравлической системы на ожидаемые при эксплуатации события;
b) влияние выбранной картограммы топливной загрузки;
c) влияние потенциального присутствия продуктов коррозии в активной зоне.

Кроме того, при анализе безопасности следует надлежащим образом учитывать неопределенности, такие как неопределенности, связанные с эксплуатацией станции или используемыми расчетными кодами.

3.31. При анализе безопасности следует применять предельные значения коэффициента запаса до кризиса теплового потока, с тем чтобы исключить возможность разрушения оболочки твэла. В некоторых проектах реакторных установок допустимо наличие критических условий теплообмена во время переходных процессов, если с использованием соответствующих аналитических методов может быть показано, что температура оболочки твэла не превышает пределов, при которых начинается разрушение топлива.

3.32. Для определения минимальных значений коэффициентов необходимо провести экспериментальные исследования поведения репрезентативных конструкций тепловыделяющих сборок во всем диапазоне ожидаемых эксплуатационных состояний, в том числе в различных условиях аксиального энерговыделения. Корреляции для прогнозирования условий возникновения кризиса теплообмена формируются постоянно вследствие поступления новых экспериментальных данных, изменений конструкции тепловыделяющих сборок и использования все более совершенных методик расчета, учитывающих перемешивание теплоносителя и влияние распределения энерговыделения по высоте активной зоны. Следует оценивать влияние любого изменения на корреляцию, используемую при теплогидравлическом проектировании. В случае быстропротекающих переходных процессов (например, аварий вследствие выброса регулирующего стержня) возможно проведение повторной оценки использованных корреляций, поскольку стационарные условия могут быть недостаточно репрезентативными.

3.33. Подходы, которые следует использовать для демонстрации выполнения рекомендаций, изложенных в пунктах 3.27–3.32, приведены ниже:

a) для реакторов с водой под давлением предельное (минимальное) значение коэффициента запаса до кризиса кипения следует устанавливать на уровне, при котором не происходит ухудшения теплообмена при нормальной эксплуатации или ожидаемых при эксплуатации событиях с вероятностью 95% и с уровнем достоверности 95%;
b) для кипящих реакторов и некоторых реакторов с водой под давлением, которые не соответствуют рекомендации, изложенной в пункте 3.33 (a), предельное (минимальное) значение коэффициента критической мощности, коэффициента запаса до кризиса теплового потока или коэффициента запаса до кризиса кипения следует устанавливать на уровне, при котором количество твэлов, в которых происходит ухудшение теплообмена, не превышает очень незначительной доли (например, максимально 0,1%) от общего числа твэлов в активной зоне;

c) для тяжеловодных реакторов с водой под давлением, если максимальная температура оболочки твэла находится ниже определенного предела (например, 600°C) и продолжительность пребывания в закризисном режиме теплообмена ограничена (например, менее 60 с), считается, что деформация топлива невелика и твэлы не соприкасаются со стенками топливного канала и не вызовут его повреждения.

## ТЕРМОМЕХАНИЧЕСКОЕ ПРОЕКТИРОВАНИЕ ТВЭЛОВ И ТЕПЛОВЫДЕЛЯЮЩИХ СБОРОК

### Соображения, касающиеся проектирования

3.34. Следует предусматривать, чтобы проект обеспечивал поддержание конструктивной целостности тепловыделяющих сборок (т.е. их геометрии) и твэлов (т.е. их герметичности) при нормальной эксплуатации и ожидаемых при эксплуатации событиях. В тех случаях, когда это разумно обосновано и практически достижимо, следует обеспечивать, чтобы в условиях аварий (проектных аварий и запроектных условий без значительной деградации топлива) проект обеспечивал исключение повреждения твэлов, а если это невозможно, допускал повреждение только ограниченного их количества. Величина допустимого количества поврежденных твэлов зависит от частоты возникновения и характера события. При проектировании следует обеспечивать сохранение охлаждаемой геометрии активной зоны в условиях проектных аварий и запроектных условий без значительной деградации топлива. В аварийных условиях следует оценивать уровень активности радионуклидов для подтверждения того, что не превышены дозовые пределы для работников.

3.35. Для аварийных условий, включающих раздутие и разрушение оболочки твэла, следует предотвращать попадание фрагментов топлива в теплоноситель.

3.36. При проектировании твэлов (с выгорающим поглотителем или без него) и тепловыделяющих сборок следует учитывать радиационную обстановку и условия эксплуатации (например, температуру; давление; химический состав теплоносителя; влияние облучения на топливо, его оболочку и тепловыделяющие сборки; статические и механические нагрузки, включая вибрацию в результате воздействия потока; и изменения химических характеристик материалов, входящих в состав компонентов).

3.37. При проектировании твэлов и тепловыделяющих сборок следует учитывать нагрузки, испытываемые ими в ходе операций транспортировки, хранения, установки и перегрузки топлива.

3.38. В приложении II содержится описание важных аспектов, которые, как привило, учитываются при проектировании твэлов и тепловыделяющих сборок, а также сборок системы управления реактивностью, сборок нейтронных источников и сборок гидравлических заглушек, в том числе условий облучения и эксплуатации.

3.39. При проектировании следует предусматривать обеспечение надежности твэлов и тепловыделяющих сборок в течение всего их срока службы, в том числе во время изготовления, транспортировки, обращения, эксплуатации внутри активной зоны, хранения и захоронения, где это применимо. Следует учитывать ключевые факторы, обусловливающие надежность топлива; наиболее важными из них являются:

a) надзор за изготовлением топлива;
b) смягчение воздействия посторонних предметов (исключение посторонних материалов);
c) контроль за изменением мощности реактора с целью ограничения избыточного взаимодействия между материалами топливных таблеток и оболочки твэла;
d) контроль коррозионных отложений и коррозии;
e) предотвращение фреттинг-коррозии между решеткой и твэлами (для легководных реакторов);
f) практика контроля и инспекций топлива.

*Тепловые эффекты и эффекты выгорания твэлов*

3.40. Следует предусматривать, чтобы проект обеспечивал, что в эксплуатационных состояниях пиковая температура топлива остается ниже температуры плавления топлива с надлежащим запасом, с тем чтобы предотвращать расплавление топлива с учетом соответствующих условий и неопределенностей. В случае проектных аварий (например, аварий, вызванных ростом реактивности) и запроектных условий без значительной деградации топлива может быть допустима начальная стадия расплавления топлива (например, незначительное расплавление центрального участка топливных таблеток, составляющего малую часть всего их объема). При проведении проектных оценок и оценок безопасности следует учитывать влияние выгорания топлива на свойства твэлов и тепловыделяющих сборок (дополнительную информацию см. в приложении I).

3.41. Причинами деформации оболочки твэла являются избыточное давление газов внутри твэла или газовое раздутие топлива или тепловое расширение топлива вследствие выгорания топлива или локального увеличения мощности. При проектировании следует обеспечивать ограничение напряжений и деформаций оболочки твэла. Для всех применимых состояний станции следует устанавливать пределы напряжений для оболочки твэла, совокупной деформации оболочки твэла, а также коррозии и наводороживания оболочки твэла и их следует применять на протяжении всей кампании.

3.42. В случае аварийных условий следует производить оценку деформации оболочки твэла с целью определения потенциальной возможности ее повреждения (т.е. пробоя или разрыва), ведущего к выходу продуктов деления из топлива.

*Влияние облучения на конструкции тепловыделяющей сборки*

3.43. При проектировании следует обеспечивать, чтобы изменения размеров конструкций тепловыделяющих сборок легководных реакторов сводились к минимуму с целью предотвращения контактов или взаимодействий между твэлами и компонентами тепловыделяющей сборки (головкой и хвостовиком тепловыделяющей сборки) и чтобы прогиб твэлов и тепловыделяющих сборок, а также распухание регулирующих стержней и любое возможное взаимодействие с направляющими каналами тепловыделяющей сборки не оказывали влияния на конструктивную целостность и теплогидравлические характеристики тепловыделяющих сборок или на функции безопасности регулирующих стержней.

3.44. Следует оценивать релаксацию пружин каркаса тепловыделяющих сборок под воздействием радиации, с тем чтобы ограничивать возможность развития фреттинг-коррозии между решеткой и твэлами (для легководных реакторов). При анализе стабильности геометрических размеров компонентов тепловыделяющих сборок и устройств управления следует учитывать влияние облучения, в частности, быстрыми нейтронами, на механические свойства, такие как прочность при растяжении, пластичность, распухание, ползучесть или релаксация. При оценке сейсмических событий или аварий с потерей теплоносителя следует учитывать влияние облучения на устойчивость дистанционирующих решеток в отношении продольного изгиба.

3.45. Для тяжеловодных реакторов с водой под давлением при проектировании следует обеспечивать, чтобы длина полости технологического канала была достаточной для компенсации радиационных и тепловых воздействий на подвеску пучка тепловыделяющих сборок в технологическом канале во всех применимых состояниях станции.

*Влияние изменений уровней мощности*

3.46. Для эксплуатационных состояний проектирование твэлов следует осуществлять с учетом условий эксплуатации и необходимости выдерживать термомеханические нагрузки, возникающие при локальных и общих переходных процессах мощности (например, нагрузок при перемещении тепловыделяющей сборки в активной зоне, перемещении устройств регулирования, в режиме следования за нагрузкой, режиме переменной нагрузки или вследствие других причин изменений реактивности).

*Механические воздействия на твэлы*

3.47. В проектирование следует включать анализ, проводимый с целью обеспечения соответствия деформации оболочки твэла под влиянием механических воздействий (например, давления теплоносителя, сейсмических нагрузок) проектным пределам по ядерному топливу. В этом анализе следует учитывать кинетику закрытия радиального зазора, зависящую от различных параметров, таких как уплотнение ядерного топлива, его распухание, растрескивание топливных таблеток и радиальное перемещение их осколков внутри твэла после изменения мощности, характеристики ползучести оболочки твэла при малых напряжениях, начальное внутреннее давление в твэлах, выход газообразных продуктов деления в свободные объемы и эксплуатационные параметры, включая историю изменения мощности и давление теплоносителя.

3.48. Следует предотвращать коррозионное растрескивание, вызываемое взаимодействием материалов таблетки с оболочкой в присутствии коррозионных продуктов деления (дополнительную информацию см. в приложении I).

3.49. Концентрация напряжений в оболочке, вызванная отсутствием таблеток, осевыми зазорами между топливными таблетками, отсутствием поверхностей таблеток или попаданием в зазор осколков топливных таблеток, не может быть явно учтена при проектировании твэлов, поэтому таких аномалий следует в максимально возможной степени избегать.

*Влияние выгорающих поглотителей в твэлах*

3.50. При проектировании следует производить соответствующие анализы с целью демонстрации способности твэла выдерживать влияние содержащихся в топливе выгорающих поглотителей на тепловые, механические, химические и микроструктурные свойства топливных таблеток, а также на поведение твэлов.

*Коррозия и наводороживание*

3.51. Для всех типов оболочек следует определять корреляции наводороживания как функцию коррозии оболочки твэла при нормальной эксплуатации, с тем чтобы иметь возможность выразить соответствующие проектные пределы по ядерному топливу, такие как пределы, установленные для аварий, вызванных ростом реактивности, или аварий с потерей теплоносителя, как функцию содержания водорода в оболочке твэла перед началом переходного режима (дополнительную информацию см. в приложении I).

3.52. При проектировании твэлов и тепловыделяющих сборок следует обеспечивать их совместимость со средой теплоносителя в эксплуатационных состояниях, включая останов и перегрузку топлива (дополнительную информацию см. в приложении I).

3.53. Для тяжеловодных реакторов с водой под давлением следует ограничивать начальное содержание водорода в твэлах, с тем чтобы уменьшить вероятность возникновения дефектов топлива, вызванных охрупчиванием оболочки твэла под воздействием водорода.

*Продукты коррозии*

3.54. При проведении проектных анализов следует учитывать деградацию теплопередачи от твэлов вследствие формирования отложений на поверхности оболочки твэла, вызванного поступающими из системы теплоносителя реактора продуктами коррозии, или других химических изменений. Для реакторов с водой под давлением в случае захвата бора на слое продуктов коррозии при анализе проекта активной зоны следует оценивать и учитывать потенциальное влияние этого явления на нейтронно-физические характеристики активной зоны.

*Гидравлические эффекты в тепловыделяющих сборках*

3.55. Гидравлические эффекты следует рассматривать прежде всего при теплогидравлическом проектировании тепловыделяющей сборки, а также при оценке таких аспектов, как локализованная коррозия, эрозия, вибрации под воздействием потока, фреттинг-коррозия между решеткой и твэлами, всплывание тепловыделяющей сборки и искривление тепловыделяющей сборки. Гидравлические воздействия на конструкцию тепловыделяющей сборки следует охарактеризовывать путем проведения ресурсных испытаний тепловыделяющих сборок на аттестованных стендах с использованием полномасштабных макетов тепловыделяющих сборок с прототипными условиями испытаний (т.е. давлением, температурой, поперечными потоками и релаксацией пружин решетки в конце срока службы).

*Учет механической безопасности при проектировании*

3.56. Тепловыделяющую сборку следует проектировать таким образом, чтобы она выдерживала механические напряжения, возникающие вследствие:

a) обращения с топливом и его загрузки;
b) изменений мощности;
c) прижимных нагрузок в реакторах с водой под давлением (которые должны уравновешивать гидродинамические подъемные силы и геометрические изменения шахты реактора и тепловыделяющих сборок при облучении);
d) перепадов температуры;
e) воздействия гидравлических сил, в том числе поперечных потоков между искривленными тепловыделяющими сборками и при смешанных конфигурациях топлива в активной зоне (т.е. в активных зонах, в которых используется топливо различных типов);
f) влияния облучения (например, радиационно-индуцированного роста и распухания);
g) вибрационного и коррозионного износа твэлов (фреттинг-коррозии между решеткой и твэлами в легководных реакторах, износа дистанционирующих элементов в тяжеловодных реакторах с водой под давлением), индуцированного потоком теплоносителя;

h) деформации ползучести конструкции тепловыделяющей сборки (которая может привести к ее искривлению);
i) сейсмических нагрузок на уровне максимального расчетного землетрясения, которые, как правило, сочетаются с нагрузками, вызываемыми авариями с потерей теплоносителя;
j) постулируемых исходных событий (т.е. ожидаемых при эксплуатации событий и проектных аварий), а также запроектных условий без значительной деградации топлива.

3.57. При проектировании твэлов и тепловыделяющих сборок для всех применимых состояний станции следует рассматривать перечисленные ниже аспекты механической безопасности:

a) следует обеспечивать, чтобы зазор внутри тепловыделяющей сборки и вокруг нее был достаточен для компенсации радиационно-индуцированного роста и прогиба (в легководных реакторах) и раздутия топливного канала (в кипящих реакторах) (дополнительную информацию см. в приложении II);
b) следует ограничивать прогиб твэлов или искривление тепловыделяющих сборок, с тем чтобы не оказывалось отрицательного воздействия на теплогидравлические характеристики, распределение мощности, поведение ядерного топлива и обращение с топливом;
c) следует обеспечивать, чтобы усталость материала не являлась причиной отказа какого-либо компонента тепловыделяющей сборки;
d) величину искривления тепловыделяющей сборки вследствие воздействия на нее механических или гидравлических прижимных сил и поперечных потоков в активной зоне следует ограничивать значением, не влияющим на локальный запас по критическому тепловому потоку. Кроме того, следует обеспечивать, чтобы искривление тепловыделяющей сборки не препятствовало вводу ПС СУЗ (т.е. не следует допускать увеличения времени падения в реакторах с водой под давлением) для обеспечения безопасного останова реактора во всех применимых состояниях станции (для легководных реакторов);
e) следует обеспечивать, чтобы повреждения, вызванные вибрацией и коррозионным износом, не влияли на общую функциональную работоспособность тепловыделяющей сборки и ее опорной конструкции;
f) следует обеспечивать, чтобы гидравлические или механические нагрузки (в том числе возникающие при максимальном расчетном землетрясении) не приводили к отказу какого-либо компонента тепловыделяющей сборки.

3.58. Следует обеспечивать, чтобы в условиях аварий (проектных аварий и запроектных условий без значительной деградации топлива) проект предотвращал любое взаимодействие между твэлами или тепловыделяющими сборками и опорными конструкциями тепловыделяющих сборок, которое может затруднить выполнение системами безопасности своих функций, указанных в анализе безопасности. В частности, следует обеспечивать:

a) надлежащее функционирование компонентов систем безопасности (например, устройств останова и их направляющих труб в реакторах с водой под давлением);
b) надлежащее охлаждение активной зоны.

*Взаимодействие топливной таблетки с оболочкой твэла*

3.59. При проектировании следует обеспечивать невозможность повреждения оболочки твэла вследствие механического взаимодействия топливных таблеток с оболочкой твэла в условиях нормальной эксплуатации и при ожидаемых при эксплуатации событиях (дополнительную информацию см. в приложении I). Следует предусматривать, чтобы конструкция твэлов и имеющиеся на конкретной станции руководства по изменениям мощности в условиях нормальной эксплуатации и при ожидаемых при эксплуатации событиях обеспечивали предотвращение избыточного механического взаимодействия топливных таблеток с оболочкой твэла.

3.60. Во время проектных аварий, ведущих к режимам с быстрыми изменениями мощности (например, при авариях, вызванных ростом реактивности), возможно повреждение оболочки твэла вследствие избыточного механического взаимодействия таблеток с оболочкой твэла в сочетании с охрупчиванием оболочки твэла вследствие внутриреакторного наводороживания при глубоком выгорании. При анализе безопасности следует рассматривать отказы топлива, соответствующие этому виду отказов.

3.61. При проектировании следует обеспечивать минимизацию коррозионного растрескивания оболочки твэла под напряжением в условиях нормальной эксплуатации и при ожидаемых при эксплуатации событиях (дополнительную информацию см. в приложении I).

3.62. Коррозионное растрескивание оболочки твэла под напряжением следует предупреждать путем применения надлежащих методов проектирования, таких как приведенные в перечисленных ниже примерах:

a) уменьшение растягивающих напряжений в оболочке топлива путем ограничения скорости изменения мощности (дающего возможность релаксации напряжений в оболочке) или путем задержки закрытия зазора между топливными таблетками и оболочкой твэла (это может быть достигнуто путем увеличения начального давления газа в твэле или оптимизации характеристик ползучести оболочки твэла);
b) снижение коррозионного воздействия выделяемых таблетками продуктов деления (например, йода, кадмия, цезия), обеспечиваемое путем использования облицовки (в кипящих реакторах) или графитового покрытия (в тяжеловодных реакторах с водой под давлением), которые менее подвержены коррозионному воздействию на внутреннюю поверхность оболочки твэла. Такая облицовка может также выравнивать локальные концентрации напряжений в оболочке твэла;
c) уменьшение доступности коррозионных продуктов деления на поверхности раздела между таблеткой и оболочкой твэла путем использования топливных присадок, улучшающих способность топлива удерживать коррозионные продукты деления внутри топливной матрицы;
d) снижение локальных коэффициентов неравномерности энерговыделения (и тем самым локальных изменений линейного энерговыделения) посредством применения методов проектирования активной зоны.

3.63. Пороговое значение отказа при скачкообразном изменении мощности следует устанавливать в соответствующих случаях путем проведения на испытательных реакторах испытаний со скачкообразным изменением мощности реактора для каждого типа топлива или оболочки твэла. Следует обеспечивать, чтобы собранные данные охватывали весь диапазон выгорания топлива (дополнительную информацию см. в приложении I).

3.64. Для анализа и интерпретации данных, полученных по результатам испытаний со скачкообразным изменением мощности, и определения порогового значения отказа при скачкообразном изменении мощности можно использовать расчетные коды для оценки характеристик топлива. Как правило, для определения этого значения используется максимальное напряжение оболочки твэла, однако можно также использовать плотность энергии деформации. Те же самые расчетные коды для оценки характеристик топлива можно использовать для оценки факторов риска, вызывающих данный тип коррозионного растрескивания под напряжением твэлов в активной зоне реактора, а также для разработки надлежащих руководств по исключению этих факторов.

**Проектные пределы по ядерному топливу**

3.65. Проектные пределы по ядерному топливу следует устанавливать на основе всех физических, химических и механических процессов, влияющих на эксплуатацию твэлов и тепловыделяющих сборок во всех применимых состояниях станции.

*Проектные пределы для эксплуатационных состояний*

3.66. Для нормальной эксплуатации и ожидаемых при эксплуатации событий при проектировании твэлов следует учитывать на протяжении всей кампании как минимум приведенные ниже ограничения:

a) в любой точке внутри топливных таблеток не должно происходить расплавления;
b) недопустимость перегрева оболочки твэла (т.е. отсутствие кризиса кипения в реакторах с водой под давлением, снижения коэффициента критической мощности ниже предела в кипящих реакторах и отсутствие условий для кризиса высыхания в тяжеловодных реакторах с водой под давлением);
c) не должно происходить схлопывания оболочки твэла (только для топлива легководных реакторов);
d) не должно происходить увеличения давления внутри твэлов до значений, вызывающих деформацию оболочки твэла, ведущую к ухудшению теплообмена между топливным таблетками и теплоносителем (т.е. не должно происходить повторного возникновения зазора между топливным таблетками и оболочкой твэла вследствие отрыва оболочки твэла от топливного сердечника);
e) не должно происходить превышения установленных пределов для коррозии и наводороживания оболочки твэла;
f) напряжение и деформация оболочки твэла должны удерживаться на уровнях ниже установленных пределов;
g) уменьшение толщины стенки оболочки твэла (например, вследствие износа или эрозии) не должно превышать установленные пределы.

3.67. Компоненты твэлов и тепловыделяющих сборок следует проектировать таким образом, чтобы сохранять на низком уровне их деформации и увеличение размера и обеспечивать:

a) отсутствие геометрического взаимодействия твэлов с хвостовиками и головками тепловыделяющих сборок (для предотвращения прогиба твэлов и тепловыделяющих сборок легководных реакторов). Отсутствие геометрического взаимодействия между подвеской пучка твэлов и защитными пробками (в тяжеловодных реакторах с водой под давлением);
b) отсутствие нештатных локальных всплесков мощности в твэлах;
c) отсутствие ухудшения характеристик тепловыделяющей сборки по критическому тепловому потоку;
d) отсутствие затруднений для движения регулирующих стержней при аварийном останове реактора или других их перемещениях;
e) отсутствие затруднений при обращении с тепловыделяющими сборками.

3.68. Для предотвращения повреждения оболочки твэла, вызванного механическим взаимодействием таблеток с оболочкой твэла, которому может способствовать коррозионное растрескивание под напряжением, следует устанавливать соответствующие эксплуатационные пределы изменений мощности и скоростей ее скачкообразного изменения, исключающие превышение пороговых значений отказа при скачкообразном изменении мощности.

3.69. Тепловыделяющие сборки, другие внутрикорпусные устройства и системы теплоносителя реактора следует проектировать таким образом, чтобы минимизировать риск возникновения препятствий на пути потока теплоносителя вследствие попадания в систему незакрепленных предметов и обломков и предотвращать повреждение топлива в эксплуатационных состояниях.

3.70. Следует оценивать и соответствующим образом обосновывать пределы глубины выгорания ядерного топлива, зависящие от характеристик твэлов и тепловыделяющей сборки, а также от подхода к обращению с топливом.

*Проектные пределы для проектных аварий и запроектных условий без значительной деградации топлива*

3.71. В отношении проектных аварий и запроектных условий без значительной деградации топлива следует обеспечивать соблюдение перечисленных ниже условий:

a) с целью минимизации радиологических последствий рассматриваемой аварии для тех последовательностей развития аварий, в которых технически невозможно избежать повреждения определенного количества твэлов, следует обеспечивать, чтобы количество поврежденных твэлов не превышало небольшой процентной доли от общего числа твэлов в активной зоне реактора;
b) при определении общего числа повреждений твэлов следует проводить оценку всех известных возможных механизмов повреждения. К числу таких механизмов повреждения, которые следует учитывать, в частности, относятся химические реакции, включая окисление и наводороживание, раздутие оболочки твэла или ее разрыв, или повреждение оболочки твэла, вызванное ростом энтальпии топлива;
c) следует обеспечивать, чтобы пределы, применяемые при оценке риска нарушения целостности оболочки твэла, основывались на результатах экспериментальных исследований. При определении пределов следует оценивать в полном объеме, используя консервативный подход, химические, физические, гидравлические и механические факторы, влияющие на механизмы повреждения, а также размерные допуски твэлов. Если механизмы повреждения топлива и пределы повреждения топлива зависят от выгорания, то при проведении экспериментов следует изучать влияние облучения на оболочку твэла и свойства топлива и включать эти данные в анализы для обеспечения полноты применения экспериментальных результатов;
d) повреждение топлива считается произошедшим, если средняя радиальная энтальпия в любом месте по оси твэла, рассчитанная при помощи утвержденного инструментария, превышает определенное значение, которое должно быть определено на основе репрезентативных результатов экспериментальных исследований путем надлежащей корректировки условий испытаний таким образом, чтобы они представляли условия внутриреакторных исследований (к подлежащим учету параметрам испытаний относятся: температура теплоносителя, давление теплоносителя, расход теплоносителя, кинетика нарастания реактивности и давление внутри твэла). Поскольку механическая устойчивость оболочки твэла меняется при

воздействии облучения и может варьироваться в зависимости от типа оболочки твэла, предполагается, что пределы повреждения при аварии, вызванной ростом реактивности, зависят от выгорания топлива и материала оболочки твэла.

3.72. Следует обеспечивать сохранение способности охлаждения активной зоны в случае:

a) чрезмерного раздутия или разрыва твэлов (например, при аварии с потерей теплоносителя);
b) значительной деформации компонентов тепловыделяющих сборок или внутрикорпусных устройств реактора (например, при сейсмических событиях);
c) блокирования потока или других последствий диспергирования топлива и взаимодействия топлива с теплоносителем в результате разрушения оболочки твэла (например, при авариях, вызванных ростом реактивности).

Кроме того, при проектировании твэлов следует предусматривать соответствующие меры предотвращения нежелательных последствий аварий, вызванных ростом реактивности, которые могут приводить к повреждению границы первого контура или повреждению, нарушающему способность охлаждать активную зону. Как правило, эта задача решается путем ограничения максимальной энтальпии топлива и допустимого увеличения энтальпии топлива.

3.73. Для обеспечения структурной целостности твэлов следует определять и обосновывать указанные ниже проектные пределы:

a) следует обеспечивать, чтобы максимальная температура оболочки твэла в аварийных условиях не превышала уровень, при котором окисление оболочки твэла вызывает чрезмерное охрупчивание оболочки твэла или бесконтрольно ускоряется. Кроме того, для легководных реакторов следует надлежащим образом оценивать влияние фрагментации топлива и его аксиального перемещения внутри зоны раздутия твэла на максимальную температуру оболочки твэла. Следует также рассматривать возможные последствия диспергирования частиц топлива с точки зрения дозовых нагрузок персонала и возможности охлаждения активной зоны;
b) следует обеспечивать, чтобы общее окисление оболочки твэла оставалось ниже пределов таким образом, чтобы оболочка твэла

сохраняла способность выдерживать нагрузки, возникающие в условиях аварий (например, на этапе повторного залива и быстрого охлаждения при аварии с потерей теплоносителя). Такие пределы следует определять путем экспериментов, в которых учитываются окисление и наводороживание оболочки твэла внутри реактора, имевшие место до начала переходного процесса и произошедшие во время переходного процесса (окисление внешней поверхности и, возможно, внутренней поверхности), а также химические взаимодействия между материалами топливных таблеток и оболочки твэла;

c) допустимый рост энтальпии при авариях, вызванных ростом реактивности, следует ограничивать значениями, учитывающими исходные параметры твэлов (например, содержание водорода в оболочке твэла до начала переходного режима и выгорание топлива);

d) в соответствующих случаях следует обеспечивать, чтобы зона расплавления топлива на осевой линии составляла незначительную часть объема топливной таблетки;

e) твэлы следует проектировать таким образом, чтобы они выдерживали нагрузки, возникающие при обращении с тепловыделяющими сборками после окончания переходного режима, их хранении и транспортировке на установку по переработке или в пункт захоронения.

3.74. Для легководных реакторов следует обеспечивать, чтобы количество водорода, образующееся в результате химической реакции между теплоносителем и оболочкой твэла в результате аварии с потерей теплоносителя, не превышало незначительную долю (например, 1%) количества водорода, образующегося, если предположить, что все оболочки всех топливных таблеток в активной зоне реактора (кроме оболочки компенсационного объема) вступят в реакцию с теплоносителем.

3.75. В том случае, если невозможно предотвратить разрушение оболочки твэла во время аварии, вызванной ростом реактивности, следует обеспечивать, чтобы распространение частиц расплавленного топлива не нарушало способность охлаждать активную зону.

3.76. Следует неизменно обеспечивать ограничение структурных деформаций твэлов, тепловыделяющих сборок, регулирующих стержней и внутрикорпусных устройств реактора, с тем чтобы не допускать возникновения препятствий движению регулирующих стержней в реакторе. Кроме того, не следует допускать превышения в регулирующих стержнях температур плавления в любой момент времени или в любом месте.

## МЕХАНИЧЕСКОЕ ПРОЕКТИРОВАНИЕ КОНСТРУКЦИЙ И КОМПОНЕНТОВ АКТИВНОЙ ЗОНЫ

### Соображения, касающиеся проектирования

3.77. Конструкции и компоненты активной зоны реактора следует проектировать с учетом необходимости поддержания их структурной целостности во всех применимых состояниях станции при воздействии различных механизмов повреждения, вследствие, например, вибрации (механической или вызванной потоком) и усталости; воздействия обломков; тепловых, гидравлических и механических нагрузок (например, при авариях с потерей теплоносителя и сейсмических событиях); и химических и радиационных воздействий (включая радиационное распухание). (Дополнительную информацию см. в приложении I).

3.78. Особое внимание следует уделять повреждению устройств управления реактивностью и останова реактора, а также повреждению границы первого контура реактора. Следует учитывать влияние высоких давлений, высоких температур, температурных колебаний и распределения температуры, коррозии, интенсивности поглощения излучения и доз облучения за все время срока службы на физические размеры, механические нагрузки и свойства материалов.

3.79. Кроме того, при проектировании механических устройств управления реактивностью следует предусматривать их способность выдерживать нагрузки, возникающие при операциях перегрузки, транспортировки и хранения топлива.

3.80. Важные аспекты, которые, как правило, рассматриваются при проектировании устройств управления реактивностью, нейтронных источников и гидравлических заглушек, изложены в приложении II.

3.81. При проектировании опорных конструкций активной зоны следует предусматривать надлежащие запасы безопасности при температурных нагрузках во всех применимых состояниях станции и учитывать дополнительные воздействия на их охлаждение и термическое реагирование, вызванные их нагреванием при поглощении гамма-излучения. Следует также рассматривать различные виды химического воздействия теплоносителя и замедлителя на эти конструкции, включая коррозию, наводороживание, коррозионное растрескивание под напряжением и отложение продуктов коррозии.

3.82. При проектировании тепловыделяющих сборок, регулирующих стержней и направляющих конструкций, а также опорных конструкций тепловыделяющих сборок следует предусматривать возможность проведения инспекций компонентов активной зоны и связанных с ними конструкций.

3.83. В легководных реакторах к опорным конструкциям активной зоны относятся трубные доски, обечайка активной зоны и опорные фиксаторы, поддерживающие опорные конструкции тепловыделяющих сборок в требуемом геометрическом положении внутри шахты реактора. Данные опорные конструкции активной зоны и опорные конструкции тепловыделяющих сборок следует проектировать таким образом, чтобы они выдерживали статические и динамические нагрузки, в том числе возникающие при обращении с топливом и его перегрузке.

3.84. Конструкции и направляющие трубы для устройств останова и управления реактивностью, а также для контрольно-измерительной аппаратуры следует проектировать таким образом, чтобы исключить возможность перемещения этих устройств во всех применимых состояниях станции вследствие непреднамеренных действий оператора, воздействия на оборудование нагрузок, гидравлических усилий, вызванных потоком теплоносителя, или перемещений основного объема замедлителя. В проекте следует предусматривать меры, облегчающие замену этих устройств и аппаратуры. При проектировании следует учитывать, что в условиях долгосрочной эксплуатации воздействие вызванной потоком вибрации на эти устройства, приборы или их направляющие трубы может приводить к их фреттингу, износу и последующему отказу. Кроме того, при проектировании следует учитывать необходимость обеспечения стабильности геометрических размеров направляющих конструкций в течение всего срока их эксплуатации.

3.85. Если устройства останова и управления реактивностью погружены в объем замедлителя (например, в тяжеловодных реакторах с водой под давлением), при проектировании следует учитывать воздействие на эти конструкции гидравлических сил.

3.86. В проекте следует предусматривать меры, облегчающие замену устройств управления реактивностью и останова без повреждения других компонентов активной зоны реактора, неприемлемого повышения реактивности или чрезмерного облучения персонала.

3.87. В зависимости от типа реактора внутри корпуса реактора могут находиться различные другие конструкции. В частности, к ним относятся распылители питательной воды, сепараторы пара, пароосушители, выгородки активной зоны, отражатели и тепловые экраны. В функции этих внутрикорпусных устройств входит распределение потока теплоносителя, сепарация или осушение пара и защита корпуса реактора от эффектов, связанных с воздействиями нагрева гамма-излучением и нейтронного потока. Эти конструкции следует проектировать в соответствии с положениями пунктов 3.77–3.81, с тем чтобы их механическое поведение не препятствовало выполнению функций безопасности активной зоны реактора в течение всего срока их эксплуатации.

### Проектные пределы при механическом проектировании конструкций и компонентов активной зоны

3.88. При проектировании конструкций и компонентов активной зоны следует соблюдать пределы, сформулированные в применимых сводах положений и нормах, выбранных в соответствии с классификацией по безопасности (см. пункты 2.15–2.17).

## СИСТЕМЫ УПРАВЛЕНИЯ, ОСТАНОВА И МОНИТОРИНГА АКТИВНОЙ ЗОНЫ РЕАКТОРА

### Система управления активной зоной реактора

3.89. В данном разделе изложены важные касающиеся системы управления соображения в отношении поддержания в установленных пределах во всех применимых состояниях станции форм, уровней и стабильности нейтронного потока, с тем чтобы соблюдать требование 45 публикации SSR-2/1 (Rev. 1) [1].

3.90. Пункт 6.4 публикации SSR-2/1 (Rev. 1) [1] гласит: «Должны предусматриваться адекватные средства для определения распределений нейтронного потока в активной зоне реактора и их изменений с целью обеспечить отсутствие в активной зоне областей, в которых могут быть превышены проектные пределы».

3.91. В целях обеспечения возможности реализации необходимых корректирующих мер следует обеспечивать, чтобы проект активной зоны предусматривал возможность монтажа требуемой контрольно-измерительной аппаратуры и датчиков для мониторинга параметров активной зоны, таких как мощность (уровень, распределение и динамика изменения), условия и физические свойства теплоносителя и замедлителя (расход и температура) и ожидаемая эффективность средств останова реактора (например, скорость введения поглощающих устройств в сравнении с установленными для них пределами). Следует обеспечивать, чтобы контрольно-измерительные приборы и аппаратура контролировали соответствующие параметры во всех диапазонах их ожидаемых значений во всех применимых состояниях станции, в том числе при перегрузке топлива.

*Устройства управления реактивностью*

3.92. Средства управления реактивностью следует проектировать с учетом необходимости обеспечения возможности поддержания уровня мощности и распределения энерговыделения в пределах безопасной эксплуатации. Это подразумевает компенсацию изменений реактивности с целью поддержания технологических параметров в установленных эксплуатационных пределах, например, связанных с:

a) штатным маневрированием мощностью;
b) изменениями концентрации ксенона;
c) эффектами, связанными с температурными коэффициентами;
d) расходом теплоносителя или изменениями температуры и плотности теплоносителя (или замедлителя);
e) обеднением топлива и выгорающего поглотителя;
f) совокупным поглощением нейтронов продуктами деления.

3.93. Следует предусматривать, чтобы устройства управления реактивностью обеспечивали поддержание реактора в подкритическом состоянии с учетом проектных аварий и их последствий. При проектировании следует предусматривать меры для обеспечения поддержания подкритичности в таких состояниях станции, в которых временно заблокированы средства штатного останова, охлаждения топлива или обеспечения целостности системы охлаждения первого контура (например, когда корпус реактора вскрыт для проведения технического обслуживания и ремонта или перегрузки топлива на легководных реакторах).

3.94. Описание типов устройств управления реактивностью, используемых для управления реактивностью активной зоны и распределения энерговыделения в различных проектах ядерных реакторов, содержится в приложении I.

3.95. Следует обеспечивать, чтобы в условиях нормальной эксплуатации использование регулирующих стержней в качестве средств управления реактивностью не оказывало значительного влияния на их работоспособность и эффективность, необходимые для быстрого останова реактора.

3.96. Максимальную степень положительной реактивности и скорость ее ввода во всех применимых состояниях станции требуется ограничивать или компенсировать таким образом, чтобы предотвращать любое результирующее повреждение границы давления первого контура реактора, сохранять охлаждающую способность и предотвращать любое значительное повреждение активной зоны реактора (см. пункт 6.6 публикации SSR-2/1 (Rev. 1) [1]).

3.97. При проектировании следует предусматривать такие компоновку, группирование, скорость и последовательность извлечения средств управления реактивностью, используемых совместно с системой блокировки, при которых никакое нештатное извлечение этих устройств не сможет привести к превышению проектных пределов по ядерному топливу. Такое нештатное извлечение средств управления реактивностью следует рассматривать при оценке безопасности.

3.98. Системы управления реактивностью, использующие растворимые поглотители, следует проектировать таким образом, чтобы предотвращалась возможность любого непреднамеренного снижения концентрации поглотителя в активной зоне до значений, при которых возможно превышение проектных пределов по ядерному топливу. При проектировании частей систем, содержащих такие растворимые поглотители, как борная кислота, следует исключать осаждение поглотителя (например, вследствие разогрева компонентов, см. публикацию Серии норм безопасности МАГАТЭ, № SSG-56, «Design of the Reactor Coolant System and Associated Systems in Nuclear Power Plants» («Проектирование системы теплоносителя реактора и связанных систем на атомных электростанциях») [13]). Следует осуществлять мониторинг концентрации растворимого поглотителя во всех баках хранения. При использовании обогащенного бора ($^{10}$B) следует обеспечивать надлежащий мониторинг.

3.99. Следует выполнить подробный функциональный анализ настроек и условий эксплуатации систем управления с целью определения любой потенциальной возможности непреднамеренного разбавления бора в режимах эксплуатации и останова и предусмотреть надлежащие меры предупредительного и восстановительного характера. К числу таких предупредительных мер могут относиться постоянная административная блокировка (клапанов или частей контура), меры по активному отключению, блокировка внешних систем впрыска, мониторинг концентраций бора в соединенных между собой емкостях или системах трубопроводов и блокировка включения циркуляционных насосов.

3.100. Эффективность устройств управления реактивностью, таких как стержни поглотителей нейтронов, следует подтверждать путем непосредственных измерений.

3.101. Пункт 6.5 публикации SSR-2/1 (Rev. 1) [1] гласит: «При проектировании устройств управления реактивностью должны надлежащим образом учитываться износ и эффекты облучения, такие как выгорание, изменения физических свойств и газообразование».

3.102. В частности, при проектировании систем управления следует учитывать перечисленные ниже эффекты, связанные с воздействиями среды:

a) эффекты облучения, такие как обеднение материала поглотителя или распухание и нагревание материалов вследствие поглощения нейтронного и гамма-излучения. Следует соответственно производить замену или перестановку регулирующих стержней;
b) химические эффекты, такие как коррозия устройств управления реактивностью. Кроме того, следует также учитывать перемещение активированных продуктов коррозии по системе теплоносителя и системе замедлителя реактора;
c) следует обеспечивать, чтобы изменения геометрических параметров конструкций, такие как изменения размеров или перемещение внутренних конструкций активной зоны вследствие изменений температуры, воздействия облучения или внешних событий, в частности землетрясений, не препятствовали вводу устройств управления реактивностью.

**Система останова реактора**

3.103. В данном разделе изложены важные соображения в отношении систем, предназначенных для перевода реактора в подкритическое состояние во всех применимых состояниях станции и поддержания его в этом состоянии в соответствии с требованием 46 публикации SSR-2/1 (Rev. 1) [1].

Требование 61 публикации SSR-2/1 (Rev. 1) [1] в отношении системы защиты также применимо к системе останова реактора.

3.104. Следует предусматривать, чтобы система останова реактора обеспечивала, что во всех применимых состояниях станции не превышаются проектные пределы для запаса подкритичности (пункты 3.24 и 3.25). Необходимую надежность следует обеспечивать путем соответствующего проектирования оборудования. В частности, при проектировании следует обеспечивать необходимую независимость технологических процессов на станции и систем управления и защиты.

3.105. Пункт 6.7 публикации SSR-2/1 (Rev. 1) [1] гласит: «Эффективность, быстродействие и запас по реактивности средств останова реактора должны быть такими, чтобы не превышались установленные проектные пределы для топлива». Рекомендации по скорости срабатывания систем останова содержатся в пунктах 3.106–3.107.

3.106. Следует обеспечивать скорость срабатывания системы останова, достаточную для перевода реактора в подкритическое состояние без нарушения проектных пределов, установленных для ядерного топлива и систем первого контура реактора.

3.107. При проектировании или оценке скорости останова следует учитывать перечисленные ниже факторы:

a) время срабатывания контрольно-измерительных приборов для запуска процесса останова;
b) время срабатывания исполнительных механизмов системы останова;
c) расположение устройств останова (в зависимости от выбранного проекта активной зоны реактора);
d) легкость введения устройств останова в активную зону. Ее можно обеспечивать путем использования направляющих труб или других конструктивных решений, облегчающих введение устройств, включая возможное использование гибких соединительных муфт для уменьшения продольной жесткости устройств;
e) скорость ввода устройств останова. Требуемой скорости ввода можно добиться одним или несколькими следующими способами:
    i) падением устройства останова в активную зону под действием силы тяжести;

ii) использованием гидравлических или пневматических приводов высокого давления для ввода стержней останова в активную зону;
iii) инжекцией растворимого поглотителя нейтронов с помощью гидравлических или пневматических систем.

3.108. Следует предусматривать средства проверки скорости ввода устройств останова. Скорость ввода следует проверять на периодической основе (как правило, в начале каждой топливной кампании) и, возможно, во время топливной кампании, если запасы до пределов недостаточны.

3.109. Пункт 6.8 публикации SSR-2/1 (Rev. 1) [1] гласит:

> «При анализе адекватности средств останова реактора внимание должно быть уделено отказам, возникающим в любом месте станции, в результате которых часть средств останова может быть выведена из строя (например, из-за отказа устройства ввода стержня управления) или произойти отказ по общей причине».

Как правило, при оценке отказа при вводе регулирующего стержня следует предполагать возникновение в активной зоне максимальной реактивности, вызванной невозможностью ввода в активную зону устройства останова с наибольшей эффективностью (т.е. делается предположение о том, что одно устройство останова заклинило).

*Различные средства останова*

3.110. Пункт 6.9 публикации SSR-2/1 (Rev. 1) [1] гласит: «Средства останова реактора должны состоять по меньшей мере из двух неодинаковых и независимых систем». Кроме того, пункт 6.10 публикации SSR-2/1 (Rev. 1) [1] гласит: «Как минимум одна из этих двух различных систем останова должна быть способна самостоятельно, с соответствующим запасом и высокой надежностью удерживать реактор в подкритическом состоянии даже в условиях наибольшей реактивности активной зоны реактора».

3.111. В таблице 1 приведены типовые примеры, иллюстрирующие разнообразие средств останова, используемых на трех различных типах реакторов (кипящие реакторы, реакторы с водой под давлением и тяжеловодные реакторы с водой под давлением).

ТАБЛИЦА 1. СРЕДСТВА ОСТАНОВА РЕАКТОРОВ РАЗЛИЧНЫХ ТИПОВ

| Тип реактора | Система быстрого останова | Альтернативная система останова |
|---|---|---|
| Кипящий реактор | $B_4C$ в стальных трубах или гафниевые пластины (или гибридная схема) | Раствор бора, впрыскиваемый в замедлитель/ теплоноситель |
| Реактор с водой под давлением | Ag–In–Cd в стальных трубах или $B_4C$ в стальных трубах, гафниевые стержни | Раствор бора, впрыскиваемый в замедлитель/ теплоноситель |
| Тяжеловодный реактор с водой под давлением | Кадмиевые стержни, зажатые и герметически изолированные между трубами из нержавеющей стали, перемещающимися в направляющих трубах из циркониевого сплава | Раствор гадолиния, впрыскиваемый в замедлитель низкого давления* |

* Данная система останова может действовать так же, как еще одна быстродействующая система останова.

*Надежность*

3.112. В проект следует включать перечисленные ниже меры, которые обеспечивают надежность останова как в совокупности, так и по отдельности, в зависимости от обстоятельств:

a) применение систем несложной конструкции, простых в эксплуатации и срабатывающих автоматически;
b) выбор оборудования апробированной конструкции;
c) использование, насколько это практически возможно, отказоустойчивых конструкций (дополнительную информацию см. в приложении I);
d) учет возможных режимов отказов и применение резервирования при запуске систем останова (например, датчиков). Обеспечение разнообразия возможно, например, путем использования для каждого аварийного условия, насколько это практически возможно, двух

различных и независимых физических параметров, обеспечивающих срабатывание системы останова;

e) функциональная изоляция и физическое разделение систем останова (включая разделение функций управления и останова), насколько это практически возможно, при формировании допущений в отношении вероятных режимов отказов, включая отказ по общей причине;

f) обеспечение легкого введения средств останова в активную зону с учетом состояния среды внутри активной зоны в условиях эксплуатации и при аварийных условиях в пределах проектных основ;

g) проектирование с целью облегчения технического обслуживания, инспекций в процессе эксплуатации и эксплуатационных испытаний;

h) обеспечение средств для проведения комплексных испытаний при вводе в эксплуатацию и во время остановов для проведения периодической перегрузки топлива или технического обслуживания;

i) испытания приводного механизма (или, если это возможно, частичный ввод стержня) в процессе эксплуатации;

j) проектирование для работы в экстремальных условиях (например, землетрясений).

3.113. При проектировании систем останова, как указано в пункте 6.5 публикации SSR-2/1 (Rev. 1) [1], требуется надлежащим образом учитывать износ оболочек регулирующих стержней и эффекты облучения, такие как выгорание, изменения физических свойств и образование газообразного гелия. Рекомендации, содержащиеся в пункте 3.102, применимы и в отношении проектирования систем останова. Конкретные рекомендации в отношении альтернативных систем останова, впрыскивающих поглотители нейтронов в систему теплоносителя реактора, содержатся в публикации SSG-56 [13].

*Эффективность системы останова*

3.114. Пункт 6.11 публикации SSR-2/1 (Rev. 1) [1] гласит:

> «Средства останова должны быть в состоянии предотвратить любое прогнозируемое повышение реактивности, приводящее к непреднамеренному возникновению критичности в ходе операций по останову или перегрузке топлива или иных стандартных или нестандартных операций в состоянии останова».

С целью обеспечения учета наиболее реактивных условий при анализе критичности следует выявлять и оценивать требования к длительному останову и намеренным действиям, приводящим к повышению реактивности в состоянии останова (например, действиям по перемещению поглотителей в целях технического обслуживания, уменьшению содержания бора и перегрузке топлива).

3.115. При проектировании следует путем учета различных факторов определять количество и эффективность стержней останова. К числу важных факторов, которые необходимо учитывать, относятся:

a) размер активной зоны;
b) тип топлива и схема загрузки активной зоны;
c) требуемый запас подкритичности;
d) допущения, сделанные в отношении отказа устройства или устройств останова;
e) погрешности, связанные с расчетами;
f) эффект экранирования устройств останова (дополнительную информацию см. в приложении I);
g) условия наибольшей реактивности активной зоны после останова. Они зависят от ряда таких параметров, как:
    i) конфигурация активной зоны, обладающая наибольшей реактивностью (и в надлежащих случаях соответствующая концентрация бора), которая возникнет в течение всей кампании, включая перегрузку топлива;
    ii) возможное сочетание температур топлива и замедлителя, приводящее к наибольшей реактивности;
    iii) количество введенной положительной реактивности, приводящее к возникновению условий проектной аварии;
    iv) изменение содержания ксенона со временем после останова;
    v) выгорание поглотителя.

3.116. Следует демонстрировать эффективность системы останова:

a) при проектировании, с помощью расчетов;
b) при вводе в эксплуатацию и перед пуском непосредственно после каждой перегрузки топлива, путем проведения соответствующих нейтронно-физических и технологических измерений с целью подтверждения расчетов для рассматриваемой топливной загрузки активной зоны;
c) во время эксплуатации реактора путем проведения измерений и расчетов, учитывающих существующие и ожидаемые условия в активной зоне реактора.

В этих анализах следует рассматривать состояния наибольшей реактивности активной зоны и учитывать допущение об отказе устройств(а) останова. Кроме того, следует поддерживать необходимый запас подкритичности на случай возникновении в системе останова случайного единичного отказа.

3.117. Если эксплуатация системы останова реактора осуществляется в режиме ручного управления или в полуавтоматическом режиме, следует обеспечивать выполнение требуемых предварительных условий в отношении ручного управления (см. публикацию Серии норм безопасности МАГАТЭ, № SSG-39, «Проектирование систем контроля и управления для атомных электростанций» [14]).

3.118. В режиме нормальной эксплуатации часть средств останова может использоваться для целей управления реактивностью и формирования нейтронного потока. Следует обеспечивать, чтобы подобное использование не ставило под угрозу функционирование системы останова во всех применимых состояниях станции.

3.119. Для обеспечения уверенности в готовности системы останова к срабатыванию, когда это необходимо, следует, насколько это практически осуществимо, предусматривать возможность проведения ее испытаний в процессе эксплуатации.

*Разделение систем защиты и систем управления*

3.120. Как указано в требовании 64 публикации SSR-2/1 (Rev. 1) [1], для того чтобы отказы систем управления не приводили к отказам систем защиты, необходимо физическое и функциональное разделение систем защиты и систем управления. Руководящие материалы по разделению системы защиты и других систем содержатся в публикации SSG-39 [14].

**Система частичного быстрого останова**

3.121. В некоторые проектах реакторных установок для защиты реактора при превышении определенными параметрами (например, температурой, давлением, уровнями, расходом теплоносителя и мощностью нейтронного потока) установленных проектных пределов станции предусмотрено срабатывание системы частичного быстрого останова. В соответствующих случаях при проектировании следует обеспечивать, чтобы частичный быстрый останов, вызванный любым переходным процессом ожидаемого при эксплуатации события, не приводил к превышению установленных проектных пределов по ядерному топливу.

**Эксплуатационные пределы и уставки**

*Эксплуатационные пределы системы управления*

3.122. При проектировании следует предусматривать эксплуатационные пределы и связанные с ними уставки для выполнения действий, срабатывания систем сигнализации или быстрого останова реактора с целью обеспечения того, чтобы распределения энерговыделения в процессе эксплуатации оставались в рамках проектных значений распределений энерговыделения.

3.123. При определении значений пределов и уставок следует учитывать влияние выгорания топлива, эффектов экранирования и стратификации теплоносителя (распределения температуры в теплоносителе).

3.124. При определении эксплуатационных пределов и уставок следует учитывать влияние старения системы первого контура реактора (например, забивание труб парогенератора в реакторах с водой под давлением и увеличение диаметра топливных каналов в тяжеловодных реакторах с водой под давлением).

*Уставки защиты активной зоны реактора*

3.125. Для управления реактором и обеспечения возможности останова реактора в любой момент времени в процессе эксплуатации следует устанавливать и использовать уставки. Следует обеспечивать, чтобы срабатывание системы управления и защиты при работе реактора в переходных режимах предотвращало повреждение топлива, а на ранних стадиях развития аварий минимизировало степень повреждения топлива.

3.126. Для предотвращения избыточной эффективности регулирующих стержней или чрезмерных скоростей ввода реактивности следует определять требования к характеристикам оборудования, эксплуатационные пределы и процедуры. Их возможности следует продемонстрировать. Там, где это технически возможно, необходимо использовать сигнализацию, срабатывающую при нарушении или при приближающемся нарушении таких пределов или ограничений.

3.127. Проектные пределы, неопределенности, эксплуатационные пределы, требования к контрольно-измерительной аппаратуре и уставки следует фиксировать в технических спецификациях для использования операторами установки.

**Система мониторинга активной зоны**

3.128. В соответствии с требованием 59 публикации SSR-2/1 (Rev. 1) [1], для обеспечения работы систем управления и защиты реактора, а также для предоставления достаточно подробной и своевременной информации об условиях локального тепловыделения, преобладающих в активной зоне, требуется, чтобы была предусмотрена контрольно-измерительная аппаратура. Для того чтобы иметь возможность производить любую требуемую модификацию параметров активной зоны (например, глубину ввода регулирующих стержней, плотность нейтронного потока, температуру и давление теплоносителя) в установленных эксплуатационных пределах, в проекте активной зоны следует предусматривать датчики и устройства для мониторинга величины и изменений мощности активной зоны, а также локального распределения тепловыделения в активной зоне. Определяющим фактором при выборе автоматического или ручного режима работы систем управления реактором является скорость изменения параметра.

3.129. Кроме того, следует обеспечивать мониторинг уровней активности радионуклидов в теплоносителе с целью оценки целостности топливной системы во время эксплуатации и подтверждения того, что не превышены проектные или эксплуатационные пределы.

3.130. Для мониторинга активной зоны следует выбирать соответствующие параметры. Этот выбор зависит от типа реактора. Ниже приведены примеры параметров, измеряемых в целях мониторинга активной зоны:

a) пространственное распределение нейтронного потока и соответствующие коэффициенты неравномерности распределения энерговыделения;
b) давление в первом контуре реактора;
c) температура теплоносителя (например, температура на входе и температура на выходе активной зоны);
d) скорость вращения главного циркуляционного насоса;
e) уровень воды (в легководных реакторах);

f) активность радионуклидов в теплоносителе (дополнительную информацию см. в приложении I);
g) глубина ввода регулирующих стержней;
h) концентрация растворимого бора или содержание $^{10}B$ при использовании обогащенного бора (в реакторах с водой под давлением).

3.131. Другие параметры, связанные с безопасностью, можно рассчитать на основе измеренных параметров. В частности, к таким связанным с безопасностью параметрам относятся:

a) время удвоения нейтронного потока;
b) скорость изменения нейтронного потока;
c) осевая и радиальная несбалансированность нейтронного потока;
d) баланс реактивности;
e) теплогидравлические параметры активной зоны (например, тепловая мощность активной зоны, линейная мощность, расход теплоносителя, коэффициент запаса до кризиса кипения или коэффициент критической мощности).

3.132. Следует обеспечивать, чтобы точность, скорость срабатывания, диапазон действия и надежность всех систем мониторинга были достаточными для выполнения ими проектных функций (см. публикацию SSG-39 [14]). При проектировании следует предусматривать возможность непрерывного или надлежащего периодического тестирования этих систем.

3.133. Руководящие материалы в отношении послеаварийного мониторинга приведены в публикации SSG-39 [14]. Если необходимо обеспечить мониторинг активной зоны в условиях аварии, например, для контроля температуры системы, уровня воды в корпусе реактора или значений реактивности, то используемую контрольно-измерительную аппаратуру следует аттестовать для работы в условиях окружающей среды, ожидаемых во время аварии и после нее.

3.134. Мониторинг пространственного распределения энерговыделения следует проводить с помощью контрольно-измерительной аппаратуры, находящейся как вне активной зоны, так и внутри нее (такой как нейтронные датчики и гамма-термометры). Для обеспечения поддержания надлежащих запасов безопасности с учетом влияния изменений пространственного распределения энерговыделения, обусловленных эффектами, связанными с управлением активной зоной, и эффектами выгорания в активной зоне, следует проводить измерения локальной мощности в различных точках активной зоны. Следует регулярно проводить мониторинг энерговыделения в активной зоне. Датчики следует надлежащим образом распределять по активной зоне, с тем чтобы надежно регистрировать локальные изменения плотности энерговыделения. Следует проводить периодическую калибровку датчиков нейтронов, расположенных как внутри активной зоны, так и вне ее.

3.135. Для того чтобы обеспечивать, что состояние активной зоны находится в рамках эксплуатационных пределов, установленных при анализе безопасности, следует использовать компьютеризованную систему мониторинга активной зоны. Поскольку эта система сопряжена с системой защиты, следует обеспечивать ее аттестацию в соответствии с категорией безопасности выполняемых ею функций (см. публикацию SSG-39 [14]).

3.136. Во время останова реактора следует обеспечивать наличие минимального комплекса приборов или сочетания приборов и нейтронных источников для мониторинга нейтронного потока и распределения энерговыделения (например, путем использования датчиков нейтронного потока надлежащей чувствительности) в ситуациях, когда в корпусе реактора находятся тепловыделяющие сборки, в том числе на этапах загрузки топлива и пуска реактора.

3.137. В некоторых реакторах на этапе пуска реактора используется сочетание блокировок систем мониторинга нейтронного потока и устройств управления реактивностью для того, чтобы обеспечить применение наиболее подходящих средств мониторинга для конкретных диапазонов плотности нейтронного потока и избежать неоправданных аварийных остановов реактора. Следует обеспечивать совместимость проектов таких систем блокировок с проектом системы защиты реактора.

3.138. Нейтронный поток во время пуска реактора, и особенно во время первого пуска, весьма мал по сравнению с нейтронным потоком при эксплуатации на полной мощности, и поэтому для его мониторинга могут временно потребоваться более чувствительные нейтронные датчики. При пуске может потребоваться источник нейтронов для повышения интенсивности потока до уровня в пределах диапазона чувствительности мониторов нейтронного потока при пуске. При проектировании таких нейтронных источников следует обеспечивать:

a) надлежащее функционирование источников с целью получения сигналов достаточной интенсивности от мониторов нейтронного потока в течение всего запланированного срока их службы;
b) совместимость таких источников с тепловыделяющими сборками и их опорными конструкциями.

## УПРАВЛЕНИЕ АКТИВНОЙ ЗОНОЙ

### Соображения, касающиеся проектирования

3.139. Главная цель управления активной зоной заключается в том, чтобы обеспечивать безопасное, надежное и оптимальное использование топлива в реакторе без нарушения эксплуатационных пределов и условий.

3.140. В целях соблюдения проектных пределов по ядерному топливу каждую кампанию следует проектировать, предусматривая надлежащие средства управления реактивностью в активной зоне и распределением энерговыделения в ней.

3.141. Хотя особенности управления активной зоной зависят от типа реактора, во всех случаях следует обеспечивать, чтобы в программе управления активной зоной были предусмотрены:

a) средства для эффективного выполнения функций управления активной зоной в течение всей кампании в целях сохранения параметров активной зоны в проектных пределах. Функции управления активной зоной включают: проектирование активной зоны (схем загрузки и перемещения тепловыделяющих сборок для обеспечения оптимального выгорания топлива и необходимой интенсивности нейтронного потока), приобретение тепловыделяющих сборок, определение реактивности и мониторинг параметров активной зоны в процессе эксплуатации;
b) стратегии эксплуатации активной зоны, допускающие максимальную эксплуатационную гибкость и оптимальное использование топлива без нарушения проектных пределов управления активной зоной.

*Проектирование активной зоны*

3.142. Для достижения требуемых значений реактивности и распределения энерговыделения в активной зоне при эксплуатации реактора эксплуатирующей организации следует предоставлять указанную ниже информацию:

a) картограммы топливных загрузок (включая обогащение и конфигурацию твэлов) и ориентацию тепловыделяющих сборок в каждой кампании (для легководных реакторов);
b) график предстоящих выгрузок и загрузок тепловыделяющих сборок;
c) конфигурации устройств управления реактивностью и останова;
d) данные о выгорающих поглотителях и других компонентах активной зоны, подлежащих выгрузке, загрузке или корректировке параметров.

3.143. Параметры, связанные с обеднением топлива и выгорающего поглотителя, а также другие физические параметры реактора предоставляются в качестве исходных данных для анализа безопасности, систем мониторинга и защиты станции, а также подготовки руководящих материалов для операторов. Поэтому такие параметры следует анализировать, исходя из заранее заданных целей эксплуатации станции и разработанных на их основе планов. К этим физическим параметрам реактора относятся условия пуска реактора (например, критическая концентрация бора и положения регулирующих стержней, кинетика реактора, температурные коэффициенты реактивности топлива, температурные коэффициенты реактивности замедлителя, эффективность регулирующих стержней и групп регулирующих стержней и коэффициенты неравномерности энерговыделения).

3.144. Незапланированное маневрирование мощностью в режиме переменной нагрузки может приводить к изменению профилей энерговыделения и выгорания в активной зоне. Поэтому прогнозные значения параметров, связанных с обеднением топлива и выгорающего поглотителя, а также другие ядерные параметры следует постоянно или периодически оценивать и анализировать, используя соответствующие параметры мониторинга.

3.145. В проектирование активной зоны следует включать анализ, демонстрирующий, что стратегия обращения с топливом и установленные эксплуатационные ограничения обеспечивают соблюдение проектных пределов по нейтронно-физическому расчету и, следовательно, проектных пределов по ядерному топливу на протяжении всей кампании.

3.146. В целях обеспечения реалистичности анализа активной зоны реактора во всех применимых состояниях станции предпочтительно использовать многомерные и многоуровневые физические коды и системные теплогидравлические коды. При анализе следует должным образом учитывать неопределенности (более подробную информацию см. в публикации SSG-2 (Rev. 1) [6]).

3.147. Анализ поведения активной зоны реактора следует выполнять на основе типовых случаев, охватывающих всю кампанию, для следующих условий в активной зоне реактора:

a) работа на полной мощности, включая репрезентативные распределения энерговыделения;
b) следящее за нагрузкой маневрирование (если применимо);
c) выход на критичность и работа на мощности;
d) маневрирование мощностью;
e) пуск;
f) перегрузка топлива;
g) останов;
h) ожидаемые при эксплуатации события;
i) эксплуатация на границе теплогидравлической стабильности (для кипящих реакторов).

При изменении процедур обращения с топливом в активной зоне или любых характеристик твэлов (таких как обогащение топлива, размеры твэлов, их конфигурация или материал оболочки твэла) следует провести новый анализ активной зоны и задокументировать его результаты.

3.148. В анализ активной зоны реактора следует включать анализ поведения твэлов, основанный на среднем и локальном уровнях мощности, а также на аксиальных распределениях температуры, с тем чтобы продемонстрировать соблюдение соответствующих температурных и механических проектных пределов по ядерному топливу во всех эксплуатационных состояниях. Для легководных реакторов в анализ активной зоны реактора следует включать анализ пиковой мощности канала и пикового линейного энерговыделения в условиях нормальной эксплуатации на максимальной мощности и стационарного радиального энергораспределения в месте нахождения каждой тепловыделяющей сборки, а также осевых энергораспределений в каждой тепловыделяющей сборке. Следует ввести поправку на влияние изменений геометрии тепловыделяющей сборки на ее нейтронно-физические и теплогидравлические характеристики (например, изменения ширины водяного зазора между ТВС или между твэлами вследствие прогиба сборки). В анализ активной зоны следует также включать расчеты радиального распределения мощности и искажения аксиального распределения за счет дистанционирующих решеток и других компонентов для идентификации «горячих пятен» и оценки локальных уровней мощности.

*Перегрузка топлива*

3.149. Для перегрузки на мощности в реакторах с тяжелой водой под давлением следует продемонстрировать, что влияние перегрузки топлива на нейтронно-физические характеристики активной зоны контролируется системами управления реактора.

3.150. При анализе безопасности следует учитывать все события, которые могут вызывать нежелательную критичность на этапах загрузки или перегрузки топлива и обращения с топливом.

3.151. Следует проводить мониторинг последовательности загрузки топлива с помощью внутриреакторых (для реакторов с кипящей водой) или размещенных вне активной зоны датчиков распределения нейтронного потока или с помощью специальных административных мер. Картограмму топливной загрузки после перегрузки топлива следует валидировать путем измерений распределения нейтронного потока.

3.152. Активную зону легководных реакторов следует проектировать таким образом, чтобы последствия наихудшей неправильной загрузки тепловыделяющей сборки, если таковые имеются, не приводили к несоблюдению проектных пределов по нейтронно-физическому расчету и проектных пределов по ядерному топливу. Если предполагается, что появление такой неправильно загруженной тепловыделяющей сборки может быть предотвращено путем использования специального оборудования и реализации специальных мер, следует продемонстрировать эффективность и надежность этих предупредительных мер. При невозможности демонстрации достаточности указанных предупредительных мер следует произвести расчетные анализы.

## Проектные пределы управления активной зоной

3.153. При анализе активной зоны реактора следует подтверждать, что картограмма топливной загрузки будет обеспечивать соблюдение проектных пределов по ядерному топливу во всех применимых состояниях станции.

3.154. Исходя из соображений практичности и простоты, в легководных реакторах система, обеспечивающая расчет и мониторинг ключевых параметров безопасности реактора (см. пункт 3.130), может использоваться для верификации пригодности проектирования перегрузок активной зоны.

## Специальные конфигурации активной зоны

### *Смешанная активная зона*

3.155. В случае загрузки в активную зону тепловыделяющих сборок различного типа («смешанная активная зона») следует обеспечивать, чтобы во всех применимых состояниях станции для всех типов тепловыделяющих сборок соблюдались проектные пределы по ядерному топливу. Следует производить оценку первоначальной загрузки и последующих перегрузок топлива в смешанных активных зонах. В нее следует включать размерное, механическое и теплогидравлическое поведение различных типов топлива (например, в терминах характеристик перепада давления на тепловыделяющей сборке или сборках и расхода теплоносителя), совместимость каждой тепловыделяющей сборки с исходными нейтронно-физическими и теплогидравлическими характеристиками активной зоны и с результатами соответствующего анализа безопасности. Следует обеспечивать, чтобы корреляция критического теплового потока или критической мощности, используемая в системе мониторинга активной зоны, была применима для всех типов тепловыделяющих сборок, загруженных в смешанную активную зону.

3.156. В случае тепловыделяющих сборок различных конструкций следует оценивать соответствующие ключевые параметры ядерной безопасности, такие как реактивность, коэффициенты реактивности, распределения мощности и эффективность регулирующих стержней. Оценку совместимости тепловыделяющих сборок можно выполнять на основе расчетов для однотипных тепловыделяющих сборок с применением соответствующих мер, позволяющих использовать их для всех тепловыделяющих сборок. Следует оценивать совокупное влияние на соответствующие параметры в масштабах всей активной зоны.

*Активная зона со смешанным оксидным топливом*

3.157. В проектирование активной зоны со смешанным оксидным топливом следует включать анализ с целью обеспечения того, чтобы при всех применимых состояниях станции соблюдались проектные пределы по нейтронно-физическому расчету (как для первоначальной загрузки, так и для последующих перегрузок топлива) и проектные пределы по ядерному топливу. Следует обеспечивать, чтобы в этом анализе были учтены перечисленные ниже аспекты:

a) свойства смешанного оксидного топлива (дополнительную информацию см. в приложении I) несколько отличаются от свойств топлива на основе $UO_2$, и этот факт следует учитывать при использовании компьютерных кодов и моделей для проектирования топлива и анализа безопасности;
b) в активной зоне со смешанным оксидным топливом эффективность регулирующего стержня и эффективность поглотителя уменьшаются в результате повышения жесткости спектра нейтронов вследствие более высоких значений сечений реакций поглощения тепловых нейтронов плутонием по сравнению с ураном, и, как следствие, возникает возможность снижения запаса подкритичности. Для того чтобы компенсировать уменьшенный запас подкритичности, следует предусматривать возможность ввода дополнительных регулирующих стержней или использование дополнительной поглощающей способности материалов поглотителя (например, увеличение обогащения по $^{10}B$);
c) значения кинетических параметров смешанного оксидного топлива, а именно суммарная доля запаздывающих нейтронов и время жизни мгновенных нейтронов, несколько ниже аналогичных значений для топлива на основе $UO_2$. Более низкая доля запаздывающих нейтронов смешанного оксидного топлива может приводить к быстрому переходу реактора в критическое состояние при меньшем вводе реактивности; следовательно, имеется меньше времени для ввода регулирующего стержня или впрыска бора с целью обеспечения управления реактивностью. Данный вопрос следует рассмотреть при проектировании активной зоны и анализе безопасности для всех применимых состояний станции (например, событий, вызванных

ростом реактивности, таких как ожидаемые при эксплуатации события и проектные аварии);

d) значения эффективных сечений ядерного деления в смешанном оксидном топливе превышают значения эффективных сечений в топливе на основе $UO_2$, что может приводить к высоким значениям градиентов нейтронного потока между соседними твэлами, изготовленными из смешанного оксидного топлива и топлива на основе $UO_2$. Этот эффект можно уменьшить путем изменения содержания плутония и корректировки картограммы топливной загрузки активной зоны. Другими последствиями различий в сечении между плутонием и ураном являются изменения температурного коэффициента реактивности замедлителя, температурного коэффициента реактивности топлива и пустотного коэффициента реактивности теплоносителя. При проектировании активной зоны и анализе безопасности следует оценивать влияние данных изменений и отражать их в значениях коэффициентов реактивности.

*Следящее за нагрузкой маневрирование и маневрирование мощностью*

3.158. Влияние условий эксплуатации, таких как следящее за нагрузкой маневрирование (дополнительную информацию см. в приложении I), маневрирование мощностью, пуск реактора и маневрирование при перегрузке топлива, следует накладывать на динамику распределения уровней энерговыделения и изменения температуры в целях оценки возможного влияния циклических тепловых нагрузок на тепломеханические свойства твэлов, такие как рост давления вследствие выхода газов, образующихся в процессе ядерного распада, в зазор между оболочкой твэла и топливом, а также вследствие усталости оболочки твэла.

3.159. После определения степени необходимой гибкости следует произвести углубленную оценку влияния на проектирование и эксплуатацию атомной электростанции (т.е. требований к анализу безопасности и эксплуатационных пределов и условий). На основе этой оценки могут быть разработаны дополнительные технические условия для аттестации и реализации.

3.160. С целью обеспечения управления реактивностью активной зоны при следящем за нагрузкой маневрировании и маневрировании мощностью следует поддерживать сбалансированность мощности генератора и активной зоны и стабильность работы реактора.

3.161. Следует корректировать пределы безопасной эксплуатации таким образом, чтобы они охватывали возмущения, возникающие при эксплуатации в режиме следящего за нагрузкой маневрирования (дополнительную информацию см. в приложении I).

*Эксплуатация реактора с негерметичными твэлами*

3.162. Отказы твэлов могут оказывать влияние на легкость доступа, планирование работ и дозы, получаемые работниками, входящими в состав эксплуатационного персонала станции. Следует обеспечивать, чтобы при эксплуатации активной зоны реактора, в которой присутствуют дефектные твэлы, не нарушались радиохимические требования (дополнительную информацию см. в приложении I), которые задаются пределом активности радионуклидов в теплоносителе, включенным в технические спецификации станции.

3.163. В программе проектирования и эксплуатации активной зоны следует устанавливать процедуры и пределы эксплуатации активной зоны с дефектными тепловыделяющими сборками, соблюдение которых гарантирует, что дозовые ограничения для работников не будут превышены. При превышении радиохимических пределов эксплуатации легководных реакторов эти реакторы следует переводить в режим останова и производить замену всех дефектных тепловыделяющих сборок в соответствии с процедурами во время останова. В кипящих реакторах и тяжеловодных реакторах с водой под давлением выход продуктов деления из дефектного топлива и последующее вторичное наводороживание оболочки твэла можно минимизировать путем снижения уровня мощности дефектных твэлов. (Дополнительную информацию см. в приложении I).

*Повторное проектирование активной зоны после ремонта тепловыделяющих сборок*

3.164. В легководных реакторах тепловыделяющие сборки, содержащие поврежденные и негерметичные твэлы, можно отремонтировать и восстановить с использованием замещающих твэлов, стержней-имитаторов или оставить в них незаполненные места. В целях соблюдения проектных пределов количество таких незаполненных мест следует ограничивать.

3.165. Следует оценивать влияние восстановленной тепловыделяющей сборки на проект активной зоны реактора.

### Влияние конструкции топлива и управления активной зоной на обращение с топливом, его транспортировку, хранение, переработку и захоронение

3.166. Проектные пределы определяются на основе концепции глубокоэшелонированной защиты, с тем чтобы обеспечить соблюдение требований по обеспечению безопасности во всех применимых состояниях станции. Проектные пределы по ядерному топливу, описанные в пунктах 3.65–3.76, следует расширить, для того чтобы обеспечить, что твэлы и тепловыделяющие сборки остаются неповрежденными (когда это применимо) или не подвергаются дальнейшей деградации (в случае негерметичных твэлов) на заключительной стадии ядерного топливного цикла, после того как тепловыделяющие сборки будут выгружены из активной зоны. Заключительная стадия ядерного топливного цикла предполагает обращение с ядерным топливом, его транспортировку, переработку и захоронение. На поведение облученных твэлов и тепловыделяющих сборок после выгрузки из активной зоны оказывают влияние следующие характеристики топлива:

a) Внутреннее давление в твэлах в конце срока службы

Хотя твэлы и могут в определенной степени выдерживать без отказа избыточное давление, превышающее обычное давление теплоносителя в условиях нормальной эксплуатации, обращение с такими находящимися под высоким давлением твэлами может оказаться неприемлемым при снижении противодавления теплоносителя (например, в пунктах хранения отработавшего ядерного топлива). Это особенно актуально для смешанного оксидного топлива различных видов, которое сохраняет высокую температуру в течение более длительного периода времени и продолжает выделять газообразный гелий из топливного материала.

b) Масштабное наводороживание оболочки твэла и механические свойства оболочки твэла

Локализованное наводороживание (например, вследствие выкрашивания коррозионного слоя или наличия осевых зазоров между таблетками) может не происходить в условиях нормальной эксплуатации или являться следствием возникновения аварийных условий, однако оно может приводить к замедленному гидридному растрескиванию оболочки твэла из циркониевого сплава во время обращения с топливом или его хранения после выгрузки из активной зоны или к нежелательным отказам в случае аварии во время транспортировки.

c) Коррозионное истирание

Как правило, локализованный износ (например, фреттинг-износ пар решетка — твэл в легководных реакторах и соприкасающихся элементов дистанционирующих конструкций в тяжеловодных реакторах с водой под давлением) не проявляется вплоть до полного изнашивания стенки оболочки твэла и появления течи. Некоторые твэлы, подверженные интенсивному износу, могут проявлять локальную уязвимость, которая может в долгосрочном плане приводить к отказам вследствие ползучести или к другим механическим повреждениям в случае аварии во время транспортировки.

d) Выгорание выгружаемого топлива

Конструкция топлива, управление активной зоной и результирующее выгорание выгружаемого топлива влияют на изотопный вектор топлива, что, в свою очередь, влияет на процессы его переработки и захоронения. Высокие степени выгорания выгружаемого топлива оказывают отрицательное влияние на его изотопный состав и поэтому влияют на реактивность. При использовании смешанного оксидного топлива содержание плутония следует корректировать таким образом, чтобы поддерживать паритет с реактивностью присутствующего в активной зоне топлива на основе $UO_2$, до достижения ожидаемого уровня выгорания выгружаемого топлива.

e) Прочие аспекты

Следует обеспечивать, чтобы новые конструкции твэлов и новые конструкции тепловыделяющих сборок, предлагаемые поставщиками топлива для решения других внутриреакторных проблем (например, коррозионного растрескивания оболочки твэла под напряжением, образования газообразных продуктов деления, искривления тепловыделяющих сборок и поведения топлива в аварийных условиях), оставались совместимыми с требованиями, предъявляемыми на заключительной стадии ядерного топливного цикла.

# 4. КВАЛИФИКАЦИЯ И ИСПЫТАНИЯ

## ОБЩИЕ ПОЛОЖЕНИЯ

4.1. Безопасная эксплуатация активной зоны реактора в течение срока службы КСЭ активной зоны реактора, включая твэлы и тепловыделяющие сборки, компоненты активной зоны и системы управления, требует использования надежной программы аттестации, инспекций и испытаний в процессе проектирования и анализа оборудования. Способы решения этой задачи описаны в данном разделе настоящего Руководства по безопасности.

## КВАЛИФИКАЦИЯ ПРОЕКТА

4.2. Следует обеспечивать, чтобы в рамках программы квалификации подтверждалась способность КСЭ активной зоны выполнять свои функции в течение соответствующего периода времени с учетом надлежащих соображений в отношении функциональности и безопасности в заданных условиях эксплуатации (например, давления, температуры, уровней излучения, механических нагрузок и вибрации). В число таких условий окружающей среды следует включать изменения, ожидаемые при нормальной эксплуатации, ожидаемых при эксплуатации событиях, проектных авариях и запроектных условиях без значительной деградации топлива.

4.3. Характеристики определенных постулируемых исходных событий могут препятствовать проведению реалистичных пусконаладочных и периодических испытаний, подтверждающих, что КСЭ выполнят заданные функции безопасности, когда в этом возникнет необходимость, например в случае землетрясения. Для соответствующих КСЭ и рассматриваемых событий следует запланировать и выполнить перед монтажом таких КСЭ соответствующую программу квалификации.

4.4. Следует обеспечивать, чтобы методы квалификации включали:

a) проведение типовых испытаний КСЭ, репрезентативных для тех КСЭ, которые должны быть поставлены;
b) проведение испытаний поставленных КСЭ;
c) использование соответствующего накопленного опыта;

d) анализ на основе имеющихся и применимых результатов испытаний;
e) все вышеуказанные способы в любом сочетании.

4.5. Квалификацию проекта можно производить на основе опыта эксплуатации топливных систем такой же или аналогичной конструкции. Следует определить основу использования накопленного опыта и оценить данные о его использовании. В качестве справочной информации следует использовать максимальное выгорание и опыт эксплуатации активной зоны на мощности, а данные о характеристиках тепловыделяющих сборок следует сравнивать с проектными критериями, установленными для таких явлений, как фреттинг-износ, окисление, наводороживание, образование отложений и прогиб тепловыделяющих сборок.

## ИНСПЕКЦИИ

4.6. Следует разработать систему, позволяющую идентифицировать каждую тепловыделяющую сборку, а также обеспечивать ее надлежащую ориентацию в активной зоне. После первой загрузки топлива в активную зону и всех последующих перегрузок следует производить проверки с целью верификации правильности загрузки и позиционирования каждой тепловыделяющей сборки.

## ИСПЫТАНИЯ С ИСПОЛЬЗОВАНИЕМ ПРОТОТИПНЫХ И ГОЛОВНЫХ СБОРОК

4.7. При проектировании следует предусматривать проведение эксплуатационных испытаний и контроля с целью обеспечения выполнения активной зоной и связанными с ней конструкциями и системами управления реактивностью и останова установленных функций в течение всего срока их эксплуатации. Дополнительные руководящие материалы по проведению инспекций в процессе эксплуатации изложены в публикации Серии норм безопасности МАГАТЭ, № NS-G-2.6, «Техническое обслуживание, надзор и инспекции при эксплуатации на атомных электростанциях» [15].

4.8. В тех случаях, когда это практически целесообразно, для определения характеристик новой конструкции следует производить внереакторные испытания опытных образцов тепловыделяющих сборок. Как правило, в этих целях проводятся следующие внереакторные испытания:

a) для легководных реакторов:
   i) испытания дистанционирующих решеток (в том числе испытания по определению гидравлического сопротивления, испытания на прочность при раздавливании и другие испытания конструкции, такие как испытания на сейсмостойкость);
   ii) прочностные и эксплуатационные испытания регулирующих стержней;
   iii) прочностные испытания тепловыделяющих сборок (поперечная, осевая и крутильная жесткость, а также определение собственных частот и демпфирование);
   iv) гидравлические испытания тепловыделяющих сборок, включая определение гидравлического сопротивления и усилия отрыва тепловыделяющей сборки, вибрации и износа регулирующих стержней, вибрации тепловыделяющей сборки, фреттинга пар решетка — твэл (с учетом релаксации распорных пружин решетки), а также оценку износа и срока службы тепловыделяющих сборок;
   v) теплогидравлические испытания тепловыделяющих сборок, включая определение корреляций критического теплового потока;
b) для тяжеловодных реакторов с водой под давлением:
   i) проверка гидравлического сопротивления системы пучков твэлов;
   ii) ресурсные испытания при воздействии поперечного потока;
   iii) испытания на механическую износостойкость;
   iv) испытания на ударную нагрузку пучка твэлов;
   v) испытания пучка твэлов на прочность;
   vi) испытания на износ;
   vii) испытания в рамках программы сейсмической аттестации;
   viii) испытания намывкой и смывкой (по мере необходимости);
   ix) испытания с целью определения запаса до кризиса теплового потока.

4.9. С целью обоснования заданного максимального предела выгорания для новой конструкции следует провести внутриреакторные испытания путем облучения твэлов и сборок в материаловедческих испытательных реакторах или головных тепловыделяющих сборок перспективных конструкций в энергетических реакторах. Это дает возможность исследовать следующие явления:

a) рост твэлов и стержней с выгорающим поглотителем;
b) прогиб твэлов;

c) уровни окисления и наводороживания твэлов, дистанционирующих решеток и топливных каналов (при наличии);
d) фреттинг пар твэл — дистанционирующая решетка (для тяжеловодных реакторов с водой под давлением)
e) рост тепловыделяющей сборки;
f) прогиб тепловыделяющей сборки;
g) износ и искривление топливного канала (для кипящих реакторов);
h) образование гофров на твэлах (например, вследствие взаимодействия между топливными таблетками и оболочкой);
i) целостность твэлов;
j) релаксация прижимных пружин (для реакторов с водой под давлением);
k) релаксация пружин дистанционирующих решеток (для легководных реакторов);
l) износ регулирующих стержней и направляющих каналов (для реакторов с водой под давлением).

4.10. В тех случаях, когда невозможно провести внутриреакторные испытания новых конструкций или новых конструктивных особенностей тепловыделяющих сборок, следует уделять особое внимание аналитическим оценкам и расширенным планам инспекций или наблюдения с целью валидации проектных характеристик и особенностей функционирования топлива.

# СПИСОК ИСПОЛЬЗОВАННЫХ ИСТОЧНИКОВ

[1] МЕЖДУНАРОДНОЕ АГЕНТСТВО ПО АТОМНОЙ ЭНЕРГИИ, Безопасность атомных электростанций: проектирование, Серия норм безопасности МАГАТЭ, № SSR-2/1 (Rev. 1), Вена (2016).

[2] Международное агентство по атомной энергии, Глоссарий МАГАТЭ по вопросам безопасности: терминология, используемая в области ядерной безопасности и радиационной защиты, издание 2018 года, МАГАТЭ, Вена (2023).

[3] МЕЖДУНАРОДНОЕ АГЕНТСТВО ПО АТОМНОЙ ЭНЕРГИИ, Применение системы управления для установок и деятельности, Серия норм безопасности МАГАТЭ, № GS-G-3.1, МАГАТЭ, Вена (2009).

[4] МЕЖДУНАРОДНОЕ АГЕНТСТВО ПО АТОМНОЙ ЭНЕРГИИ, Система управления для ядерных установок, Серия норм безопасности МАГАТЭ, № GS-G-3.5, МАГАТЭ, Вена (2014).

[5] МЕЖДУНАРОДНОЕ АГЕНТСТВО ПО АТОМНОЙ ЭНЕРГИИ, Лидерство и менеджмент для обеспечения безопасности, Серия норм безопасности МАГАТЭ, № GSR Part 2, МАГАТЭ, Вена (2017).

[6] МЕЖДУНАРОДНОЕ АГЕНТСТВО ПО АТОМНОЙ ЭНЕРГИИ, Детерминистический анализ безопасности атомных электростанций, Серия норм безопасности МАГАТЭ, № SSG-2 (Rev. 1), МАГАТЭ, Вена (2023).

[7] INTERNATIONAL ATOMIC ENERGY AGENCY, Design of Fuel Handling and Storage Systems for Nuclear Power Plants, IAEA Safety Standards Series No. SSG-63, IAEA, Vienna (разрабатывается).

[8] INTERNATIONAL ATOMIC ENERGY AGENCY, Storage of Spent Nuclear Fuel, IAEA Safety Standards Series No. SSG-15 (Rev. 1), IAEA, Vienna (разрабатывается).

[9] МЕЖДУНАРОДНОЕ АГЕНТСТВО ПО АТОМНОЙ ЭНЕРГИИ, Проектирование и аттестация сейсмостойких конструкций атомных электростанций, № NS-G-1.6, МАГАТЭ, Вена (2003). (Готовится пересмотренный вариант этой публикации).

[10] INTERNATIONAL ATOMIC ENERGY AGENCY, Safety Classification of Structures, Systems and Components in Nuclear Power Plants, IAEA Safety Standards Series No. SSG-30, IAEA, Vienna (2014).

[11] МЕЖДУНАРОДНОЕ АГЕНТСТВО ПО АТОМНОЙ ЭНЕРГИИ, Пределы и условия для эксплуатации и эксплуатационные процедуры для атомных электростанций, Серия норм безопасности МАГАТЭ, № NS-G-2.2, МАГАТЭ, Вена (2004). (Готовится пересмотренный вариант этой публикации).

[12] МЕЖДУНАРОДНОЕ АГЕНТСТВО ПО АТОМНОЙ ЭНЕРГИИ, Управление активной зоной и обращение с топливом на атомных электростанциях, № NS-G-2.5, МАГАТЭ, Вена (2004). (В настоящее время готовится новая редакция этой публикации).

[13] МЕЖДУНАРОДНОЕ АГЕНТСТВО ПО АТОМНОЙ ЭНЕРГИИ, Проектирование системы теплоносителя реактора и связанных с ней систем атомных электростанций, Серия норм безопасности МАГАТЭ, № SSG-56, МАГАТЭ, Вена (2024).

[14] МЕЖДУНАРОДНОЕ АГЕНТСТВО ПО АТОМНОЙ ЭНЕРГИИ, Проектирование систем контроля и управления для атомных электростанций, Серия норм безопасности МАГАТЭ, № SSG-39, МАГАТЭ, Вена (2018).

[15] МЕЖДУНАРОДНОЕ АГЕНТСТВО ПО АТОМНОЙ ЭНЕРГИИ, Техническое обслуживание, надзор и инспекции при эксплуатации на атомных электростанциях, № NS-G-2.6, МАГАТЭ, Вена (2005). (Готовится пересмотренный вариант этой публикации).

## Приложение I

# ДОПОЛНИТЕЛЬНАЯ ТЕХНИЧЕСКАЯ ИНФОРМАЦИЯ

I-1. В таблице I-1 представлена дополнительная техническая информация, поясняющая значение терминов, не определенных в Глоссарии МАГАТЭ по вопросам безопасности [I-1], но используемых в настоящем Руководстве по безопасности, и приведены дополнительные примеры, обосновывающие необходимость реализации рекомендаций, содержащихся в настоящем Руководстве по безопасности.

ТАБЛИЦА I-1. ДОПОЛНИТЕЛЬНАЯ ТЕХНИЧЕСКАЯ ИНФОРМАЦИЯ ДЛЯ УТОЧНЕНИЯ ТЕРМИНОЛОГИИ И ПРЕДОСТАВЛЕНИЯ СПРАВОЧНОЙ ИНФОРМАЦИИ

| Термин | Пояснение | Соответствующие пункты в настоящем Руководстве по безопасности |
|---|---|---|
| Взаимодействие таблеток с оболочкой твэла | Связанное с ползучестью обжатие оболочки твэла и тепловое расширение и газовое распухание топливных таблеток ведут к механическому взаимодействию таблеток с оболочкой твэла во всех применимых состояниях станции. Режим отказа, связанный с механическим взаимодействием таблеток с оболочкой твэла, возникает вследствие исчерпания пластичности оболочки твэла. | 3.59 |
| | На таком пониженном уровне мощности твэл считается «восстановившим» свои прежние свойства. Когда позднее активная зона реактора возвращается в режим эксплуатации на полной мощности, в оболочке твэла возникает напряжение на разрыв. Эти остаточные напряжения увеличивают уязвимость к трещинообразованию от коррозии под напряжением, вызванной взаимодействием таблетки с оболочкой твэла в условиях присутствия в твэле коррозионных продуктов деления. | 3.48, 3.61 |

ТАБЛИЦА I-1. ДОПОЛНИТЕЛЬНАЯ ТЕХНИЧЕСКАЯ ИНФОРМАЦИЯ ДЛЯ УТОЧНЕНИЯ ТЕРМИНОЛОГИИ И ПРЕДОСТАВЛЕНИЯ СПРАВОЧНОЙ ИНФОРМАЦИИ (продолжение)

| Термин | Пояснение | Соответствующие пункты в настоящем Руководстве по безопасности |
|---|---|---|
| Взаимодействие таблеток с оболочкой твэла | Порог отказа при скачкообразном изменении мощности является нижним граничным значением отказов топлива, вызываемых скачкообразными изменениями мощности, в диапазоне выгорания, называемом «критическим диапазоном выгорания». Для значений выгорания топлива ниже этого «критического диапазона выгорания» зазор между таблеткой и оболочкой твэла остается открытым, поэтому для достижения уровня напряжения в оболочке твэла, сравнимого с условиями, при которых зазор закрыт, изменение мощности должно быть более значительным. Для значений глубины выгорания топлива, превышающих критический диапазон выгорания, опыт показывает, что состав материала на границе раздела между таблеткой и оболочкой твэла, образовавшегося в результате облучения, таков, что концентрация напряжения на внутренней поверхности оболочки твэла снижается, что делает трещинообразование вследствие коррозии под напряжением в оболочке маловероятным. Поскольку критический диапазон выгорания зависит от кинетики смыкания зазора между таблетками и оболочкой твэла, он поэтому зависит от конкретных свойств материала определенного типа оболочки твэла и конструкции твэла. | 3.63 |

ТАБЛИЦА I-1. ДОПОЛНИТЕЛЬНАЯ ТЕХНИЧЕСКАЯ ИНФОРМАЦИЯ ДЛЯ УТОЧНЕНИЯ ТЕРМИНОЛОГИИ И ПРЕДОСТАВЛЕНИЯ СПРАВОЧНОЙ ИНФОРМАЦИИ (продолжение)

| Термин | Пояснение | Соответствующие пункты в настоящем Руководстве по безопасности |
|---|---|---|
| Выгорающий поглотитель | В легководных реакторах для поддержания отрицательного температурного коэффициента замедлителя проектировщик может выбрать добавление фиксированного объема выгорающего поглотителя в топливные таблетки или в тепловыделяющую сборку в виде выгорающих поглощающих стержней с целью снижения требуемой концентрации выгорающего поглотителя в замедлителе. Кроме того, выгорающий поглотитель можно использовать для выравнивания распределения энерговыделения и минимизации скачков реактивности в процессе выгорания топлива. | 3.25 |
| Дефектное топливо | При проведении оценок безопасности особое внимание уделяется явлению резкого изменения концентрации йода после переходных процессов на станции. При определенных условиях, предшествующих аварии, возникновение данного явления может приводитьк увеличению радиологических последствий постулируемой аварии. Один из подходов при оценке безопасности предусматривает задание предельной активности йода, допустимой в теплоносителе реактора после завершения переходных процессов на станции. | 3.162 |

ТАБЛИЦА I-1. ДОПОЛНИТЕЛЬНАЯ ТЕХНИЧЕСКАЯ ИНФОРМАЦИЯ ДЛЯ УТОЧНЕНИЯ ТЕРМИНОЛОГИИ И ПРЕДОСТАВЛЕНИЯ СПРАВОЧНОЙ ИНФОРМАЦИИ (продолжение)

| Термин | Пояснение | Соответствующие пункты в настоящем Руководстве по безопасности |
|---|---|---|
| Дефектное топливо | Поведение негерметичных твэлов во время проектных аварий (например, аварий с потерей теплоносителя, аварий, вызванных ростом реактивности, и разрыва трубок парогенератора) может быть специфичным и может потребовать индивидуальной оценки. Например, присутствие негерметичного топлива может не оказывать влияния на значения запаса по безопасности при авариях с потерей теплоносителя, поскольку консервативные допущения задаются в виде требований к оценке радиологических последствий. Присутствие ограниченного количества негерметичных твэлов может не оказывать влияния на проектные пределы аварий, вызванных ростом реактивности, хотя и признается, что негерметичное топливо имеет более низкую сопротивляемость нагрузкам, возникающим при авариях, вызванных ростом реактивности, и, следовательно, его наличие ведет к росту вероятности определенного взаимодействия топлива с теплоносителем. | |

ТАБЛИЦА I-1. ДОПОЛНИТЕЛЬНАЯ ТЕХНИЧЕСКАЯ ИНФОРМАЦИЯ ДЛЯ УТОЧНЕНИЯ ТЕРМИНОЛОГИИ И ПРЕДОСТАВЛЕНИЯ СПРАВОЧНОЙ ИНФОРМАЦИИ (продолжение)

| Термин | Пояснение | Соответствующие пункты в настоящем Руководстве по безопасности |
|---|---|---|
| Дефектное топливо | В кипящих реакторах зачастую имеется возможность определить область или области, где находится дефектное топливо, путем использования метода качания нейтронного потока. После определения этих областей можно снизить мощность тепловыделяющих сборок в этих областях посредством выборочного размещения управляющих пластин. Обнаружение и локализация дефектных тепловыделяющих сборок в тяжеловодных реакторах с водой под давлением возможны посредством отслеживания элементов продуктов деления и запаздывающих нейтронов. Эксплуатацию реактора с дефектным топливом в активной зоне можно продолжать на сниженном уровне мощности без значительных скачков концентрации йода вплоть до выгрузки дефектных тепловыделяющих сборок из реактора.<br>Эффективность минимизации последствий, обеспечиваемая снижением мощности, оказывается наибольшей при ее применении к относительно небольшим, локализованным дефектам. По этой причине обнаружение дефектного топлива и снижение мощности необходимо производить как можно скорее после выявления присутствия в активной зоне негерметичного твэла. | 3.163 |

ТАБЛИЦА I-1. ДОПОЛНИТЕЛЬНАЯ ТЕХНИЧЕСКАЯ ИНФОРМАЦИЯ ДЛЯ УТОЧНЕНИЯ ТЕРМИНОЛОГИИ И ПРЕДОСТАВЛЕНИЯ СПРАВОЧНОЙ ИНФОРМАЦИИ (продолжение)

| Термин | Пояснение | Соответствующие пункты в настоящем Руководстве по безопасности |
|---|---|---|
| Запас | В контексте настоящего Руководства по безопасности «запас» означает разницу между проектным пределом, определенным для отдельного физического параметра, и экстремальным (максимальным или минимальным) значением данного физического параметра.<br>Термин «проектные пределы», используемый в настоящем Руководстве по безопасности, включает в себя общепринятые термины «пределы безопасности», «эксплуатационные пределы и условия» и «критерии приемлемости» в соответствии с определениями в Глоссарии МАГАТЭ по вопросам безопасности [I-1]. | 2.13 |
| | Термин «запас подкритичности» означает мгновенное значение реактивности, при которой реактор остается в подкритическом состоянии в текущих условиях при допущении, что все сборки полноразмерных регулирующих стержней кластерного типа<br>(в реакторах с водой под давлением) или полноразмерные регулирующие стержни (в кипящих и тяжеловодных реакторах с водой под давлением) введены на полную длину, за исключением одной сборки или одного стержня с максимальной эффективностью, которые предполагаются полностью извлеченными. | 3.24 |

ТАБЛИЦА I-1. ДОПОЛНИТЕЛЬНАЯ ТЕХНИЧЕСКАЯ ИНФОРМАЦИЯ ДЛЯ УТОЧНЕНИЯ ТЕРМИНОЛОГИИ И ПРЕДОСТАВЛЕНИЯ СПРАВОЧНОЙ ИНФОРМАЦИИ (продолжение)

| Термин | Пояснение | Соответствующие пункты в настоящем Руководстве по безопасности |
|---|---|---|
| Компоненты активной зоны | Компоненты активной зоны — это не являющиеся тепловыделяющими сборками элементы активной зоны, которые используются в качестве опорных конструкций активной зоны, или инструменты, устройства или другие узлы, размещаемые внутри активной зоны для мониторинга, контроля расхода или решения других технологических задач и рассматриваемые в качестве элементов активной зоны. Примерами компонентов активной зоны являются устройства управления реактивностью, устройства останова, нейтронные источники, имитаторы тепловыделяющих сборок, топливные каналы, контрольно-измерительные приборы и аппаратура, ограничители потока и выгорающие поглотители [I-1]. | 3.77 |
| Оболочка твэла | Герметичность оболочки твэла необходима для предотвращения выхода летучих продуктов деления, а ее конструктивная целостность — для поддержания охлаждаемой геометрии и обеспечения возможности выгрузки компонентов из активной зоны с использованием штатного перегрузочного оборудования. | 2.4 |

ТАБЛИЦА I-1. ДОПОЛНИТЕЛЬНАЯ ТЕХНИЧЕСКАЯ ИНФОРМАЦИЯ ДЛЯ УТОЧНЕНИЯ ТЕРМИНОЛОГИИ И ПРЕДОСТАВЛЕНИЯ СПРАВОЧНОЙ ИНФОРМАЦИИ (продолжение)

| Термин | Пояснение | Соответствующие пункты в настоящем Руководстве по безопасности |
|---|---|---|
| Оболочка твэла | Как правило, в качестве материала оболочки твэла используются сплавы на основе циркония (например, циркалой-2, циркалой-4, ZIRLO и оптимизированный ZIRLO, M5, Э110). Для использования в применениях разрабатываются и другие инновационные материалы оболочки твэла, такие как толерантное ядерное топливо, которое должно быть более устойчивым к аварийным условиям с учетом динамики паровых реакций и необходимости снижения образования водорода. | 3.5 |
| | Температурно-временной интеграл относится к оценке общего времени до отказа, достигаемого при данной температуре оболочки твэла без возникновения разрушающего окисления (кинетики неконтролируемого окисления). | 3.5 |
| | Внутриреакторная коррозия уменьшает несущую толщину оболочки твэла, но наводороживание оболочки твэла, являющееся следствием механизма коррозии, может быть более пагубным явлением, поскольку оно ухудшает физико-механические свойства оболочки твэла. В результате некоторые проектные пределы по ядерному топливу, например применяемые в отношении аварий, вызванных ростом реактивности, или аварий с потерей теплоносителя, выражаются в настоящее время как функция содержания водорода в оболочке твэла, предшествующего началу переходного режима, а не уровней коррозионного износа или выгорания. | 3.51 |

ТАБЛИЦА I-1. ДОПОЛНИТЕЛЬНАЯ ТЕХНИЧЕСКАЯ ИНФОРМАЦИЯ ДЛЯ УТОЧНЕНИЯ ТЕРМИНОЛОГИИ И ПРЕДОСТАВЛЕНИЯ СПРАВОЧНОЙ ИНФОРМАЦИИ (продолжение)

| Термин | Пояснение | Соответствующие пункты в настоящем Руководстве по безопасности |
|---|---|---|
| Оболочка твэла | Коррозия и наводороживание в значительной степени зависятот характеристик материала и таких условий эксплуатации, как температура, химический состав теплоносителя и линейное энерговыделение (которое определяет для заданной глубины выгорания допустимое время облучения). Эти условия рабочей среды необходимо учитывать. Для предотвращения ухудшения антикоррозийных свойств материаловследуетобеспечиватьведениетребуемоговодно-химического режима (например, путем поддержания низкого содержания кислорода и соответствующего уровня pH). | 3.52 |

ТАБЛИЦА I-1. ДОПОЛНИТЕЛЬНАЯ ТЕХНИЧЕСКАЯ ИНФОРМАЦИЯ ДЛЯ УТОЧНЕНИЯ ТЕРМИНОЛОГИИ И ПРЕДОСТАВЛЕНИЯ СПРАВОЧНОЙ ИНФОРМАЦИИ (продолжение)

| Термин | Пояснение | Соответствующие пункты в настоящем Руководстве по безопасности |
|---|---|---|
| Обратная связь по реактивности | Присущие активной зоне реактора нейтронно-физические характеристики, как правило, описываются следующими типами обратной связи по реактивности или коэффициентами реактивности:<br>— обратная связь по реактивности вследствие изменений температуры топлива (т.е. температурного коэффициента реактивности топлива или доплеровского коэффициента);<br>— обратная связь по реактивности вследствие изменений температуры теплоносителя или замедлителя, в том числе связанных с плотностью теплоносителя или замедлителя (т.е. температурных коэффициентов реактивности теплоносителя и замедлителя);<br>— обратная связь по реактивности вследствие изменений паросодержания в теплоносителе или замедлителе (т.е. пустотных коэффициентов реактивности теплоносителя и замедлителя);<br>— обратная связь по реактивности вследствие изменений концентрации бора в теплоносителе или замедлителе (т.е. борных коэффициентов реактивности теплоносителя и замедлителя);<br>— доля запаздывающих нейтронов и время жизни мгновенных нейтронов;<br>— влияние перераспределения энерговыделения на реактивность (например, эффективность ксенона и плотность замедлителя);<br>— распад ксенона и других поглотителей нейтронов при анализе долгосрочного поведения активной зоны. | 3.16 |

ТАБЛИЦА I-1. ДОПОЛНИТЕЛЬНАЯ ТЕХНИЧЕСКАЯ ИНФОРМАЦИЯ ДЛЯ УТОЧНЕНИЯ ТЕРМИНОЛОГИИ И ПРЕДОСТАВЛЕНИЯ СПРАВОЧНОЙ ИНФОРМАЦИИ (продолжение)

| Термин | Пояснение | Соответствующие пункты в настоящем Руководстве по безопасности |
|---|---|---|
| Останов | Самая простая общепринятая конструкция отказоустойчивой системы останова предполагает удержание устройств останова над активной зоной с помощью активных средств. При условии, что направляющие конструкции устройств останова ничем не заблокированы, эти устройства в случае отключения удерживающих их активных средств (например, при прекращении подачи тока на удерживающий электромагнит) падают в активную зону под действием силы тяжести. Данное положение не применимо к кипящим реакторам. | 3.112 (c) |
| | Общая эффективность устройств останова является функцией расстояния между этими устройствами, а также их положения в реакторе. Когда два устройства расположены близко друг к другу, их суммарная эффективность меньше, чем сумма их индивидуальных эффективностей. | 3.115 (f) |

ТАБЛИЦА I-1. ДОПОЛНИТЕЛЬНАЯ ТЕХНИЧЕСКАЯ ИНФОРМАЦИЯ ДЛЯ УТОЧНЕНИЯ ТЕРМИНОЛОГИИ И ПРЕДОСТАВЛЕНИЯ СПРАВОЧНОЙ ИНФОРМАЦИИ (продолжение)

| Термин | Пояснение | Соответствующие пункты в настоящем Руководстве по безопасности |
|---|---|---|
| Следящее за нагрузкой маневрирование | Термин «следящее за нагрузкой маневрирование» означает работу реактора в таком режиме, при котором производство электроэнергии соответствует меняющемуся спросу на электроэнергию. Следящее за нагрузкой маневрирование подразумевает работу с маневрированием мощностью на уровнях ниже номинальной тепловой мощности, поэтому общее количество производимой электроэнергии меньше той, которая производится во время эксплуатации энергоблока при относительно постоянной базовой нагрузке. Работа в режиме следящего за нагрузкой маневрирования может потребовать дополнительных объемов технического обслуживания и контроля и может осложнить оценку надежности и старения некоторых конструкций, систем и элементов. | 3.158 |
| | Во время работы в режиме следящего за нагрузкой маневрирования перераспределение плотности энерговыделения происходит вследствие перемещения регулирующих стержней, однако это инициирует неустранимые процессы перераспределения за счет эффектов обратной связи, оказывающих влияние на состояние теплоносителя и распределение ксенона в реакторе. Это вызывает изменения распределения плотности энерговыделения, характеризуемые по сравнению с исходным невозмущенным состоянием более высокими пиковыми значениями плотности энерговыделения (и/или более низким коэффициентом запаса до кризиса кипения). | 3.161 |

ТАБЛИЦА I-1. ДОПОЛНИТЕЛЬНАЯ ТЕХНИЧЕСКАЯ ИНФОРМАЦИЯ ДЛЯ УТОЧНЕНИЯ ТЕРМИНОЛОГИИ И ПРЕДОСТАВЛЕНИЯ СПРАВОЧНОЙ ИНФОРМАЦИИ (продолжение)

| Термин | Пояснение | Соответствующие пункты в настоящем Руководстве по безопасности |
|---|---|---|
| Теплоноситель | Для обеспечения второй системы управления реактивностью активной зоны можно использовать в качестве нейтронных поглотителей химические добавки в теплоноситель (например, борную кислоту в реакторах с водой под давлением). Кроме того, для предотвращения коррозии или растрескивания компонентов активной зоны и внутрикорпусных устройств реактора и тем самым для уменьшения загрязнения системы теплоносителя реактора вследствие образования коррозионных отложений могут применяться другие добавки (например, Zn, H, Li, Cu), регулирующие химический состав теплоносителя (например, для регулирования pH и содержания кислорода). | 3.6 |
| | Активность теплоносителя реактора измеряется устройством, относящимся к системе подпитки и водоочистки теплоносителя первого контура (более подробную информацию см. в публикации Серии норм безопасности МАГАТЭ, № SSG-56, «Проектирование системы теплоносителя реактора и связанных с ней систем атомных электростанций» [I-2]). | 3.130 (f) |

ТАБЛИЦА I-1. ДОПОЛНИТЕЛЬНАЯ ТЕХНИЧЕСКАЯ ИНФОРМАЦИЯ ДЛЯ УТОЧНЕНИЯ ТЕРМИНОЛОГИИ И ПРЕДОСТАВЛЕНИЯ СПРАВОЧНОЙ ИНФОРМАЦИИ (продолжение)

| Термин | Пояснение | Соответствующие пункты в настоящем Руководстве по безопасности |
|---|---|---|
| Топливный канал | В кипящих реакторах перепад давления между внешней и внутренней границами топливного канала может вызывать прогиб и раздутие топливного канала. Такая деформация канала, а также прогиб оболочки твэла могут стать причинами возникновения локальных скачкообразных изменений нейтронного потока и трения, влияющего на перемещение сборки управления реактивностью. | 3.57 (a) |
| Топливо | Под «топливом», если не оговорено иное, понимают топливную матрицу, твэлы и/или тепловыделяющие сборки. | 1.4 |
| | «Твэл» означает тепловыделяющий элемент, прутковый тепловыделяющий элемент или любую другую конструкцию, содержащую топливные таблетки. | 1.4 |
| | «Тепловыделяющей сборкой» также называют пучок твэлов в тяжеловодных реакторах с водой под давлением. | 1.4 |
| | Разрабатываются инновационные топливные материалы, например усовершенствованное устойчивое к авариям (толерантное) топливо с более благоприятной паровой реакцией и менее высоким образованием водорода. | 1.6 |

ТАБЛИЦА I-1. ДОПОЛНИТЕЛЬНАЯ ТЕХНИЧЕСКАЯ ИНФОРМАЦИЯ ДЛЯ УТОЧНЕНИЯ ТЕРМИНОЛОГИИ И ПРЕДОСТАВЛЕНИЯ СПРАВОЧНОЙ ИНФОРМАЦИИ (продолжение)

| Термин | Пояснение | Соответствующие пункты в настоящем Руководстве по безопасности |
|---|---|---|
| Топливо | «Топливная матрица» означает структуру и микроструктуру различных типов керамических топливных таблеток. | 2.4 |
| | Примерами материалов, используемых в топливных таблетках, являются:<br>— обогащенный UO2;<br>— природный UO2 (для использования в тяжеловодных реакторах с водой под давлением);<br>— смешанное оксидное топливо (UO2–PuO2);<br>— топливо на основе тория, например ThO2, смешанный с торием UO2, смешанное оксидное топливо с добавлением тория;<br>— переработанный UO2;<br>— топливные таблетки с различными присадками (например, Cr, Al, Si) для улучшения эксплуатационных характеристик (для использования в легководных реакторах).<br>Материал выгорающего поглотителя (например, Gd, Dy, B, Er) добавляется в спекаемое вещество топливных таблеток из UO2 или используется для покрытия их поверхности в целях временного подавления избыточной реактивности, появляющейся в результате высокой концентрации в топливе делящегося материала. | 3.4 |

ТАБЛИЦА I-1. ДОПОЛНИТЕЛЬНАЯ ТЕХНИЧЕСКАЯ ИНФОРМАЦИЯ ДЛЯ УТОЧНЕНИЯ ТЕРМИНОЛОГИИ И ПРЕДОСТАВЛЕНИЯ СПРАВОЧНОЙ ИНФОРМАЦИИ (продолжение)

| Термин | Пояснение | Соответствующие пункты в настоящем Руководстве по безопасности |
|---|---|---|
| Топливо | Термин «горячий стержень» используется для обозначения твэла с наибольшей относительной мощностью с учетом консервативного радиального распределения мощности по объему активной зоны. | 3.33 (a) |
| | При оценке максимальных температур топлива в эксплуатационных состояниях необходимо рассматривать следующие явления, зависящие от выгорания: изменения теплопроводности и диффузии топлива и теплопроводности зазора между таблеткой и оболочкой, уплотнение топлива, распухание топлива, накопление продуктов деления в топливных таблетках, выход газообразных продуктов деления в свободный объем твэлов и все другие изменения микроструктуры таблетки. Вследствие облучения температура плавления топлива изменяется в зависимости от выгорания топлива, и ее необходимо определять, используя репрезентативные образцы облученного топлива. | 3.40 |

ТАБЛИЦА I-1. ДОПОЛНИТЕЛЬНАЯ ТЕХНИЧЕСКАЯ ИНФОРМАЦИЯ ДЛЯ УТОЧНЕНИЯ ТЕРМИНОЛОГИИ И ПРЕДОСТАВЛЕНИЯ СПРАВОЧНОЙ ИНФОРМАЦИИ (продолжение)

| Термин | Пояснение | Соответствующие пункты в настоящем Руководстве по безопасности |
|---|---|---|
| Топливо | Изотопный состав и содержание плутония в смешанном оксидном топливе сильно зависят от глубины выгорания топлива выгружаемых отработавших тепловыделяющих сборок, из которых был извлечен плутоний. Пропорции делящихся изотопов для плутония также варьируются, что, в свою очередь, влияет на характеристики активной зоны реактора. Кроме того, в проектах активных зон со смешанным оксидным топливом следует учитывать вектор плутония (238Pu, 239Pu, 240Pu, 241Pu, 241Am) при понимании, что происходят изменения, влияющие на реактивность и ключевые параметры ядерной безопасности в зависимости от срока начала эксплуатации смешанного оксидного топлива после его производства. Данные особенности необходимо иметь в виду при проектировании активной зоны и проведении анализа безопасности. | 3.157 (a) |
| Управление | Ниже перечислены типы устройств управления реактивностью, используемых для регулирования реактивности активной зоныи распределения энерговыделения в реакторах различных конструкций:<br>— в реакторах с водой под давлением:<br>• использование твердых стержней-поглотителей нейтронов; | 3.23, 3.94 |

ТАБЛИЦА I-1. ДОПОЛНИТЕЛЬНАЯ ТЕХНИЧЕСКАЯ ИНФОРМАЦИЯ ДЛЯ УТОЧНЕНИЯ ТЕРМИНОЛОГИИ И ПРЕДОСТАВЛЕНИЯ СПРАВОЧНОЙ ИНФОРМАЦИИ (продолжение)

| Термин | Пояснение | Соответствующие пункты в настоящем Руководстве по безопасности |
|---|---|---|
| | • использование растворимого поглотителя в замедлителе или теплоносителе;<br>• использование топлива с распределенным или дискретным выгорающим поглотителем;<br>• использование картограмм загрузки и перегрузки топлива;<br>— в кипящих реакторах:<br>• использование твердых пластин-поглотителей нейтронов;<br>• регулирование расхода теплоносителя (плотности замедлителя);<br>• использование топлива с распределенным или дискретным выгорающим поглотителем;<br>• использование картограмм загрузки и перегрузки топлива;<br>— в тяжеловодных реакторах с водой под давлением:<br>• использование твердотельных стержней-поглотителей нейтронов;<br>• использование растворимого поглотителя в замедлителе;<br>• регулирование температуры замедлителя;<br>• регулирование высоты замедлителя (в тяжеловодных реакторах с водой под давлением канального типа предыдущих проектов);<br>• использование жидкого поглотителя в каналах;<br>• использование перегрузки на мощности. | |

# СПИСОК ИСПОЛЬЗОВАННЫХ ИСТОЧНИКОВ К ПРИЛОЖЕНИЮ I

[I-1] МЕЖДУНАРОДНОЕ АГЕНТСТВО ПО АТОМНОЙ ЭНЕРГИИ, Глоссарий МАГАТЭ по вопросам безопасности: терминология, используемая в области ядерной безопасности и радиационной защиты, издание 2018 года, МАГАТЭ, Вена (2023).

[I-2] МЕЖДУНАРОДНОЕ АГЕНТСТВО ПО АТОМНОЙ ЭНЕРГИИ, Проектирование системы теплоносителя реактора и связанных с ней систем атомных электростанций, Серия норм безопасности МАГАТЭ, № SSG-56, МАГАТЭ, Вена (2024).

## Приложение II

# АСПЕКТЫ, КОТОРЫЕ НЕОБХОДИМО УЧИТЫВАТЬ ПРИ ПРОЕКТИРОВАНИИ ТВЭЛОВ, ТЕПЛОВЫДЕЛЯЮЩИХ СБОРОК, СБОРОК УПРАВЛЕНИЯ РЕАКТИВНОСТЬЮ, СБОРОК НЕЙТРОННЫХ ИСТОЧНИКОВ И СБОРОК ГИДРАВЛИЧЕСКИХ ЗАГЛУШЕК

## ТВЭЛЫ

II-1. При проектировании твэлов необходимо учитывать перечисленные ниже аспекты:

a) оболочка твэла:
   - вибрация и износ твэла (например, фреттинг-износ пар решетка — твэл в легководных реакторах и соприкасающихся элементов дистанционирующих конструкций в тяжеловодных реакторах с водой под давлением);
   - оценка эволюции механических свойств оболочки твэла при облучении (нагрузки, вызванные смещениями (атомов под облучением) и давлением);
   - материалы и оценка химических свойств;
   - коррозия под напряжением;
   - циклические нагрузки и усталость;
   - геометрическая и химическая стабильность оболочки твэла при облучении;

b) материал ядерного топлива (включая выгорающие поглотители);
   - стабильность геометрических размеров топлива в условиях облучения;
   - уплотнение ядерного топлива (кинетика и амплитуда);
   - возможность химического взаимодействия с оболочкой твэла и теплоносителем;
   - образование газообразных продуктов деления и их распределение внутри топливных таблеток;
   - кинетика выхода газообразных продуктов деления;
   - газовое распухание;
   - тепломеханические свойства в условиях облучения;
   - изменения микроструктуры под влиянием облучения.

c) характеристики твэлов:
   - температуры таблеток и оболочки твэла и распределения температур;
   - кинетика и амплитуда закрытия зазора между таблетками и оболочкой твэла (для учета вопросов, связанных с взаимодействием между таблетками и оболочкой твэла);
   - влияние облучения на поведение твэлов (например, изменение структуры топлива, растрескивание топливных таблеток, распухание в результате воздействия твердых и газообразных продуктов деления, выход газообразных продуктов деления и рост давления внутри твэлов, ухудшение теплопроводности твэлов);
   - прогиб твэлов;
   - рост твэлов.

Характеристики твэлов демонстрируются с помощью проверенных расчетных моделей и/или репрезентативных экспериментальных данных, собранных в результате выполнения программ испытаний, или данных, полученных от других атомных электростанций (относительно головных твэлов или головных тепловыделяющих сборок). Используемые модели, как правило, зависят от глубины выгорания.

## ТЕПЛОВЫДЕЛЯЮЩИЕ СБОРКИ

II-2. Компоненты тепловыделяющих сборок (например, головка и хвостовик, направляющие каналы, дистанционирующие устройства, перемешивающие решетки, пружины решетки, соединения и система прижима тепловыделяющей сборки в реакторах с водой под давлением) необходимо проектировать с учетом следующих условий и нагрузок:

- нагрузок фиксирующей системы активной зоны;
- гидродинамических нагрузок;
- теплогидравлических нагрузок (например, кризиса теплообмена при кипении);
- нагрузок, возникающих при авариях (например, при авариях с потерей теплоносителя) и вследствие сейсмических воздействий;
- нагрузок, возникающих при обращении и транспортировке;
- прогиба тепловыделяющих сборок.

## СБОРКИ УПРАВЛЕНИЯ РЕАКТИВНОСТЬЮ

II-3. При проектировании сборок управления реактивностью следует учитывать указанные ниже аспекты:

— внутреннее давление и соответствующие напряжения оболочки твэла в условиях нормальной эксплуатации, во время переходных режимов и в аварийных условиях;
— термическое расширение и радиационное распухание;
— эволюцию материалов поглотителя и оболочки твэла под действием облучения;
— влияние фреттинг-износа на устойчивость оболочки твэла.

## СБОРКИ НЕЙТРОННЫХ ИСТОЧНИКОВ

II-4. При проектировании сборок нейтронных источников следует учитывать указанные ниже аспекты:

a) радиационные эффекты;
b) эффективность для учета эффектов экранирования при выгорании периферийных тепловыделяющих сборок;
c) внешние события, такие как землетрясения.

## СБОРКИ ГИДРАВЛИЧЕСКИХ ЗАГЛУШЕК

II-5. При проектировании сборок гидравлических заглушек следует учитывать указанные ниже аспекты:

a) взаимодействие с направляющими трубками вследствие теплового расширения и радиационного распухания;
b) влияние на байпасирование потока теплоносителя (в реакторах с водой под давлением);
c) влияние фреттинг-износа на устойчивость направляющих каналов.

# СОСТАВИТЕЛИ И РЕЦЕНЗЕНТЫ

| | |
|---|---|
| Asfaw, K. | Международное агентство по атомной энергии |
| Kamimura, K. | Управление по ядерному регулированию, Япония |
| Nakajima, T. | Управление по ядерному регулированию, Япония |
| Schultz, S. | Комиссия по ядерному регулированию США, Соединенные Штаты Америки |
| Shaw, P. | Международное агентство по атомной энергии |
| Sim, K. | Международное агентство по атомной энергии |
| Suk, H. | Канадская комиссия по ядерной безопасности, Канада |
| Toth, C. | Международное агентство по атомной энергии |
| Waeckel, N. | Électricité de France, Франция |
| Yllera, J. | Международное агентство по атомной энергии |
| Zhang, J. | Tractebel, Бельгия |

FSC
www.fsc.org
MIX
Papier | Fördert
gute Waldnutzung
FSC® C083411

Zeitfracht Medien GmbH
Ferdinand-Jühlke-Straße 7
99095 Erfurt, Deutschland
produktsicherheit@kolibri360.de